Introduction to Internal
Combustion Engines

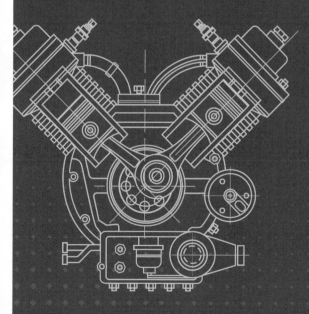

基礎から学ぶ
内燃機関

飯島 晃良
吉田 幸司 著

森北出版

まえがき

　内燃機関は，自動車，二輪車，船舶などの輸送用機械，建設機械，作業機械など，さまざまな機械の動力源として用いられ，人々の生活の中に広く浸透しています．それゆえ，環境・エネルギー問題との結びつきも強く，社会的にも大きな関心が向けられながら進化をしてきました．

　昨今，持続可能なエネルギーシステムの実現に向けて，内燃機関にも大きな変革の時期が来ているといえます．たとえば自動車用の内燃機関は，ガソリン，軽油などの燃料を使い，自動車を加速させるための動力を自在に発生させることが主たる用途でした．現在は，ハイブリッドシステムを用いた自由度の高い運転モードを実現する要素としての内燃機関の用途があります．これらの用途では，内燃機関の使い方が従来とは異なります．つまり，設計コンセプトが異なる内燃機関が必要になります．

　加えて，化石燃料をベースとした既存燃料から，水素，合成燃料，バイオ燃料などへのシフトが計画されています．

　つまり，これからの内燃機関は，燃料の変化，電動化などによる使い方の変化が同時に検討されていくと考えられます．新しい燃料の特性を有効に活用した高効率内燃機関の開発，電動化技術と内燃機関技術を融合した新しいコンセプトの内燃機関の開発など，これまでの開発の流れとは異なる新しい技術の創生が求められるといえます．

　以上のような観点から，内燃機関の研究開発を行ううえで，基礎に立ち返って内燃機関を理解することが重要だと考えられます．

　本書は，上記の観点を基本とし，内燃機関を始めて学ぶ方のために，主に内燃機関の研究，実験，設計に携わる方を想定し，内燃機関の基礎事項を記したものです．

　主に，機械系の大学の 3 年生以上を対象とし，内燃機関の理論と実際について，熱力学等の基礎的な観点から理解することに重きを置いています．なお，企業において内燃機関の設計や開発部署に配属される方々には，学生時代に内燃機関を専攻してない場合が多いようです．また，内燃機関にはさまざまな学問が関係するため，機械工学以外の分野を専攻してきた方も多いです．そのような方々が，内燃機関の性能や熱効率や排ガス特性を原理的に学ぶことができるように，内燃機関を理解するために必要な熱力学についても丁寧に説明をしました．本書が，内燃機関の基礎を学ぶための一助となれば幸いです．

　最後に，本書の発刊にあたり，企画の立案やご提案をいただいた和泉佐知子氏，書籍の構成や内容に至るまで丁寧な編集をしていただいた宮地亮介氏はじめ，森北出版株式会社の関係各位に対して，この場をお借りしてお礼申し上げます．

2022 年 10 月　　　　　　　　　　　　　　　　　　　　　　　　　　　　　　著　者

動画について

　燃焼写真など，本書の図版の一部を動画として視聴できます．以下のページにアクセスしてご覧ください．なお，動画の公開は予告なく終了することがあります．

基礎から学ぶ 内燃機関　動画公開ページ

https://www.youtube.com/playlist?list=PLO8luE5cZRtmHZ7d4i2HF9_a9DJkrBgR9

公開動画一覧

目次

第7章　ガソリンエンジンの燃焼　　　*137*

第8章　ディーゼルエンジンの燃焼　　　*174*

エンジンの基本

本章では，熱機関のサイクルおよび熱効率，熱機関の形式および分類，構造および作動原理など，内燃機関を学ぶための導入事項を説明する.

1.1 熱機関

一般にエネルギーとは，系が外界に対して力学的仕事をする能力である．ここで，系とは外界と区別される部分であり，具体的には系が**熱機関**などの装置，外界が大気となる．つまり，熱機関とは，燃焼で発生した熱エネルギーを外部への仕事に変換する装置である．また，熱機関を作動させるためには**作動流体**が必要である．熱機関内部の作動流体が，燃焼による受熱や大気への放熱によって膨張・圧縮して体積や速度が変化することにより，熱エネルギーを力学的仕事に変換する．図1.1に，熱力学で扱う系の種類と，系と外界との熱エネルギー，仕事，物質の移動の状態を示す.

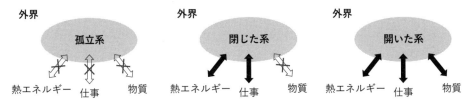

図 1.1 系の種類と熱エネルギー，仕事，物質の移動

● **一般サイクル**

熱機関を連続的に作動させるためには，**サイクル**が必要となる．ここで，サイクルとは，作動流体の気体の状態が変化して，最初の状態に戻る過程のことである．**図1.2**に，一般的なサイクルの p–V 線図を示す．サイクルには，図 (a) のように p–V 線図上を時計回りに作動するサイクルと，図 (b) のように反時計回りに作動するサイクルがある．また，熱機関をサイクルによって連続的に作動させるために，熱エネルギーを受熱または放熱するための高温熱源と低温熱源が必要である．ここで，作動流体はサイクル中で質量が変化しないため，同一体積ならば圧力が高い場合に理想気体の状態方程式 ($pV = mRT$) より作動流体の温度は高くなる．よって，高温熱源は高圧側，低温熱源は低圧側で作動流体と熱エネルギーを交換する．気体は膨張すると温度が低

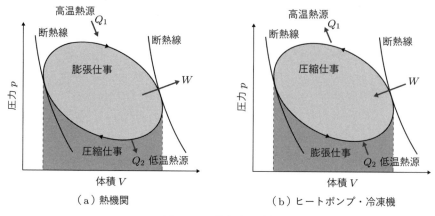

図 1.2 一般サイクル[1]

下するために外界の熱源から熱エネルギーを受熱し，圧縮すると温度が上昇するため外界の熱源へ熱エネルギーを放熱する．また，作動流体が膨張するとき外界に力学的仕事をし，圧縮するとき外界から作動流体に仕事がなされる．

図 (a) のようにサイクルが時計回りの場合，作動流体は高温部分で膨張するため高温熱源から受熱量 Q_1 を受け取り，低温部分で圧縮され，低温熱源へ排熱量 Q_2 を排出する．ここで，高温熱源からの受熱による膨張仕事が，低温熱源への排熱のための圧縮仕事よりも大きいため，外部に**力学的仕事** W をする．よって，熱機関のサイクルは，作動流体が p–V 線図上で時計回りに気体の状態が変化する．実際の熱機関は，作動流体の気体の状態変化を複数組み合わせて初期状態に戻るサイクルによって循環的に作動する．また，実際のサイクルの作動流体は，空気と燃料の混合気や燃焼後の既燃ガスであるが，理論的に考える場合は作動流体を空気とし，空気サイクルとする．

図 (b) のようにサイクルが反時計回りの場合，作動流体は低温部分で膨張するため低温熱源から熱量 Q_2 を受熱し，高温部分で圧縮され，高温熱源へ熱量 Q_1 を排熱する．低温熱源からの受熱による膨張仕事が，高温熱源への排熱のための圧縮仕事よりも小さいため，外部から系に仕事 W を与える．また，低温熱源から受熱して高温熱源に排熱するため，低温熱源は熱エネルギーを奪われ冷凍機として，高温熱源は熱エネルギーを受け取りヒートポンプとして作動する．これが冷暖房機のサイクルである．

● **熱機関の理論熱効率**

熱機関において，熱エネルギーの損失や熱源以外との熱エネルギーのやりとりがなければ，外部へする力学的仕事 W は，高温熱源からの**受熱量** Q_1 と低温熱源への**排熱量** Q_2 の差

$$W = Q_1 - Q_2 \tag{1.1}$$

となる．熱機関は，与えた受熱量 Q_1 のうち仕事 W に変換する割合が大きいほど性能がよいため，熱機関の性能は**理論熱効率**で評価する．理論熱効率 η は，

$$\eta = \frac{W}{Q_1} = \frac{Q_1 - Q_2}{Q_1} = 1 - \frac{Q_2}{Q_1} \tag{1.2}$$

と定義される．力学的仕事 W は熱機関に与えた熱エネルギー Q_1 を超えることはできないため，理論熱効率は 1 を超えず，1 に近いほど熱機関の性能がよい．

● **熱機関の分類と名称**

　熱機関は，作動流体が燃焼と直接関係するか否かによって**内燃機関**と**外燃機関**に分けられ，燃焼による熱エネルギーを仕事に変換する場合に作動流体の体積変化を利用するか（閉じた系），圧力変化による作動流体の速度エネルギーを利用するか（開いた系）で，**容積型熱機関**と**速度型熱機関**に分類される．図 1.3 に，熱機関の分類とエンジンおよびサイクルの名称を示す．その他，作動流体が気体であるガスサイクル機関と，液体と蒸気の変換を含む蒸気サイクル機関に分類する方法もある．また，ロケットも燃焼による熱エネルギーによって推力を得るため熱機関であるが，作動流体である燃料と酸化剤を燃焼後に外部に放出するため，サイクルとして作動できない．

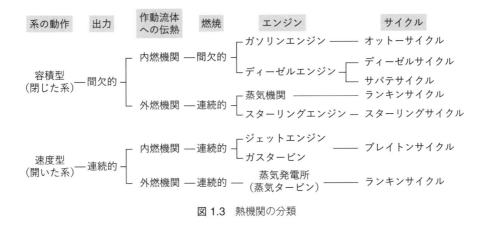

図 1.3　熱機関の分類

1.1.1　内燃機関と外燃機関

　熱機関は，内燃機関と外燃機関に分けられる．つまり，燃焼によって発生したガスを直接作動流体として用いる機関を内燃機関，燃焼に利用したガスと作動流体が異なる機関を外燃機関という．内燃機関はサイクルを作動する作動流体が燃焼に直接関係するため熱機関の内部で燃焼し，外燃機関は作動流体が燃焼と無関係のため熱機関の

外部で燃焼し，発生した熱エネルギーを作動流体に熱伝達によって与える．

● 内燃機関の特徴

内燃機関には，ガソリンエンジン，ディーゼルエンジン，ジェットエンジン，ガスタービンなどがある．特徴として以下の点が挙げられる．

- ・機関の内部で燃焼するため小型であり，移動体の動力源に適している．
- ・機関の重量あたりの出力が大きい．
- ・機関内部で燃焼するため液体燃料と気体燃料しか利用できず，燃料に制限がある．
- ・熱効率が比較的高い．
- ・機関内部で燃焼するため，有害排出ガス成分の制御が困難である．

● 外燃機関の特徴

外燃機関には，蒸気機関，スターリングエンジン，蒸気発電所などがある．特徴として以下の点が挙げられる．

- ・燃焼は，サイクルの動作や作動流体の状態とは無関係な連続燃焼である．
- ・機関外部での燃焼によって発生した熱エネルギーを熱伝達によって作動流体に移動させるために，ボイラーのような熱伝達装置が必要となる．
- ・熱エネルギーが間接的に作動流体へ伝えられるため，熱損失が比較的大きい．
- ・熱機関の外部で燃料を燃焼するために，燃料に対する要求が低い．
- ・機関外部で燃焼するため，有害排出ガス成分の制御が比較的しやすい．

1.1.2 容積型と速度型

● 容積型熱機関

容積型熱機関は，図 1.4 に示すようにピストン，シリンダ，クランク機構で構成され，シリンダ内部でピストンが往復運動し，その往復運動をクランク機構によって回転運動に変換する．容積型熱機関は，シリンダ内の作動流体の容積変化を力学的仕事に変換し，出力が断続的になる．容積型の内燃機関にはガソリンエンジンやディーゼルエンジンがあり，ピストンの往復運動に伴ってシリンダ内の容積が変化することで，新気の吸入，圧縮，燃焼（爆発），既燃ガスの膨張，排出が行われる．容積型の外燃機関には蒸気機関があり，圧縮はせずに外部のボイラーで発生させた高圧の水蒸気をシリンダへ供給し，水蒸気の膨張に伴うピストンの移動によって出力を得る．

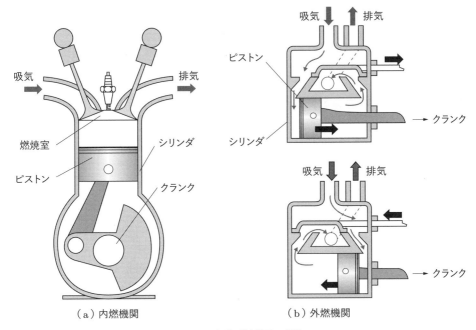

（a）内燃機関 （b）外燃機関

図 1.4 容積型熱機関の構造

● **速度型熱機関**

図 1.5 に速度型熱機関の例を示す．容積型熱機関が一つのシリンダで吸気，圧縮，燃焼（爆発），膨張を行うのに対して，速度型熱機関はそれぞれを異なる装置で行う．速度型熱機関は，圧縮機やタービン内での作動流体の流動による圧力の変化を速度エ

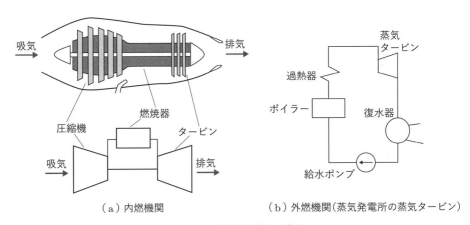

（a）内燃機関 （b）外燃機関（蒸気発電所の蒸気タービン）

図 1.5 速度型熱機関の構造

ネルギー変化として力学的仕事を発生させる．よって，速度型熱機関では連続的に出力が得られる．速度型の内燃機関にはジェットエンジンやガスタービンがあり，圧縮機（コンプレッサー），燃焼器，タービンで構成される．速度型の外燃機関には蒸気発電所があり，ボイラー，過熱器，蒸気タービン，復水器，給水ポンプで構成される．

1.2　エンジンの構造と動作原理

図 1.6 に，自動車や船舶に一般に広く用いられている容積型内燃機関（往復動式内燃機関）の構成部品や用語の意味を示す．

- **ボア** D：ピストン直径（シリンダ内径と等しい）．
- **ストローク** S：ピストンがする往復運動の距離，**行程**のこと．
- **クランク半径** r：**クランク軸**中心からクランクピン中心までの距離．1 ストロークでクランク軸は 1/2 回転するので $S = 2r$ である．
- **コネクティングロッド長さ**：ピストンとクランクをつなぐ**コネクティングロッド**（コンロッド）の小端部の中心（ピストンピン中心）と大端部の中心（クランクピン中心）との距離．
- **上死点**：シリンダ容積が最小となるピストン位置．Top Dead Center を略して T.D.C. と表記される．上死点でピストンの運動方向が上昇から下降へと変わる．
- **下死点**：シリンダ容積が最大となるピストン位置．Bottom Dead Center を略して B.D.C. と表記される．下死点でピストンの運動方向が下降から上昇へ

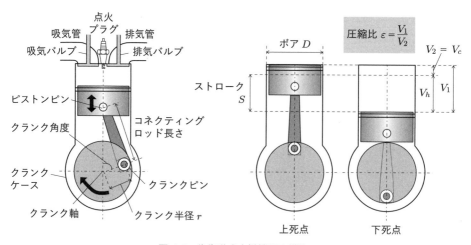

図 1.6　往復動式内燃機関の構造

と変わる.

- **クランク角度**：ピストンが上死点にある場合を $0\,\mathrm{deg.}$ としたクランク軸の回転角度.
- **排気量 V_h**：**行程容積**ともいう.吸気の際に吸入する新気の体積で,$V_h = S \times \pi D^2/4 = V_1 - V_2$.
- **すきま容積 V_c**：ピストンが上死点にあるときのシリンダの容積.このすきま容積内で燃焼するため,燃焼室容積ともいう.
- **圧縮比 ε**：上死点にあるときの容積 V_2 に対するピストンが下死点にあるときの容積 V_1 の比 $(\varepsilon = V_1/V_2)$.

例題 1.1　すきま容積 V_c を,圧縮比 ε と排気量 V_h を用いて表せ.

解答　図 1.6 を用いると,下死点における体積 $V_1 = V_h + V_c$ である.また,上死点における体積 $V_2 = V_c$ である.圧縮比は定義より $\varepsilon = V_1/V_2$ なので,

$$\varepsilon = \frac{V_1}{V_2} = \frac{V_h + V_c}{V_c} = 1 + \frac{V_h}{V_c} \quad \therefore \frac{V_h}{V_c} = \varepsilon - 1$$

となる.よって,すきま容積は,以下のように表される.

$$V_c = \frac{V_h}{\varepsilon - 1}$$

1.2.1　4ストロークと2ストローク

内燃機関には4ストローク機関と2ストローク機関が存在する.ストローク(行程)とは上死点と下死点間の距離であるが,ピストンの上死点と下死点の間の移動も意味する.つまり,**4ストローク機関は4行程で,2ストローク機関は2行程で1サイクル**が構成される.したがって,1サイクルを完了するために,4ストローク機関はクランク軸2回転,2ストローク機関はクランク軸1回転が必要となる.

● **4ストローク機関**

図 1.7 に4ストローク機関の四つの行程を図示する.4ストローク機関の四つの行程とピストンの移動は,

- **吸気行程**：ピストンが上死点から下死点に移動し,シリンダ内容積の増加に従って新気がシリンダ内に吸入される.
- **圧縮行程**：ピストンが下死点から上死点に移動し,シリンダ内容積の減少に従って新気が圧縮され,圧力が上昇する.
- **膨張行程**：燃焼による圧力上昇によって,ピストンが上死点から下死点に移動

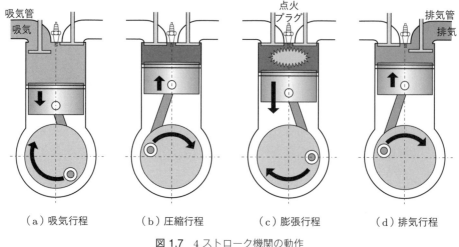

（a）吸気行程　　　　（b）圧縮行程　　　　（c）膨張行程　　　　（d）排気行程

図 1.7　4 ストローク機関の動作

し外部に力学的仕事を行う.

・**排気行程**：ピストンが下死点から上死点に移動し，シリンダ内容積の減少に従って既燃ガスがシリンダから排出される.

である. ここで，燃焼は時間が短くピストンがさほど移動しないため行程にはならない. ただし，爆発を膨張行程に含めて爆発・膨張行程とよぶことがある. また，4 ストローク機関で機関からの出力がなされるのは，4 行程のうち膨張行程のみである.

　4 ストローク機関は 2 回転で 1 サイクルが完了するため，同じピストンの移動で異なった行程を行う必要がある. 吸気行程と膨張行程ではピストンは上死点から下死点へ，圧縮行程と排気行程ではピストンが下死点から上死点に移動する. よって，各行程におけるシリンダ内の圧力を変化させるため，吸気および排気バルブが必要となる.

・**吸気行程**：吸気バルブ開，排気バルブ閉. 新気は吸気圧力一定で吸入される
・**圧縮行程**：吸気バルブ閉，排気バルブ閉. 新気の圧力は増加する
・**膨張行程**：吸気バルブ閉，排気バルブ閉. 既燃ガスの圧力は減少する
・**排気行程**：吸気バルブ閉，排気バルブ開. 既燃ガスは排気圧力一定で排出される

　四つの行程を**指圧線図**（クランク角度とシリンダ内圧力の関係図）を用いて**図 1.8**に示す. ただし，圧縮行程の終わりのクランク角度を 0 deg. として，等容燃焼（ガソリンエンジン）の場合を表す. また，クランク角度に対する吸排気バルブの開度の一例を示す. この吸排気バルブの開閉を**バルブタイミング**という（詳しくは 4.2.2 項を参照）.

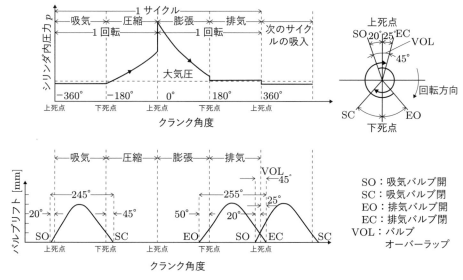

図 1.8　4 ストローク機関の指圧線図（上図）と吸気・排気バルブの動作（下図）

● 2ストローク

　2 ストローク機関は，2 行程，すなわち 1 回転で 4 ストローク機関の 4 行程を行う．二つの行程は，**掃気・圧縮行程**と**膨張・排気行程**とする．**図 1.9** に一般的なポート掃気方式エンジンの断面図を示す．これを用いて 2 ストローク機関の動作を解説する．ポート掃気方式では，シリンダ側面に掃気ポートと排気ポートという孔があり，掃気ポートは新気の吸入に，排気ポートは排ガスの排出に使用する．掃気・排気ポートの下端は下死点のピストン頭頂部と同じ高さにあり，排気ポートの高さは掃気ポートより高い．シリンダ内のピストンの往復運動によって掃気・排気ポートを塞いだり開放したりすることで，掃気・排気を制御する．

● 掃気過程・排気過程

　① ピストンが下降して排気ポートを開放した際に排気が開始され，② ピストンが掃気ポートの上端に達すると掃気が開始される．③ 両ポートが開いている間は掃気と排気が同時に行われる．④ ピストンが下死点から上昇し掃気ポートを閉じると掃気が終了するが，排気ポートは開いた状態であるため，充填された新気の一部は排気ポートから流出する．⑤ ピストンが排気ポートを閉じると排気が終了する．

● 圧縮過程・膨張過程

　⑤ ピストンが排気ポートを閉じると圧縮が開始され，⑥ ピストンが上死点付近で爆発し，膨張が開始する．① ピストンが下降し排気ポートの上端に達するまで膨張が

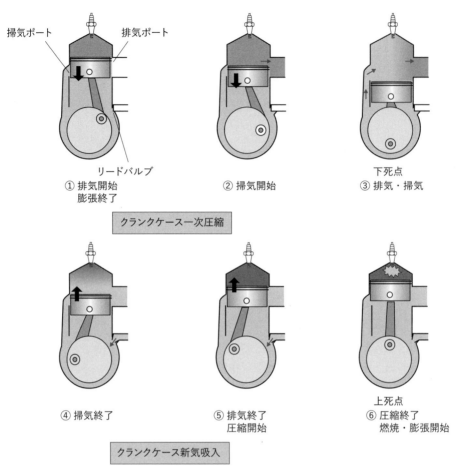

図 1.9 2ストローク機関の動作

継続される.圧縮,爆発および膨張は4ストローク機関と同様である.

● 掃気形式

　2ストローク機関は,掃気と排気を同時に行うため,シリンダ内に新気を充填し,排ガスを排出する際に新気を圧縮して吸気する.これを一次圧縮という.小型ガソリンエンジンではクランクケース一次圧縮を行う.これは,クランクケースを密閉し,吸気のためにリードバルブ(逆止弁)を取り付けるものである.掃気が終了しピストンが上昇すると,密閉されているクランクケース内が負圧となるため,リードバルブから新気が大気圧力で上死点まで吸入される.ピストンが上死点から下降すると,クランクケースの容積が減少し,クランクケース内に吸入された新気の圧力が上昇する.

この際，リードバルブは大気圧力とクランクケース内との圧力差で閉じられる．掃気ポートが開くとクランクケース内で昇圧された新気がシリンダに流入する．船舶用の大型ディーゼル機関では，過給機を用いて吸入する新気を圧縮する．

1.2.2　火花点火機関と圧縮着火機関

　内燃機関は，点火の方法から**火花点火機関**と**圧縮着火機関**の 2 種類があり，それぞれの英語表記の Spark Ignition engine と Compression Ignition engine から SI エンジン，CI エンジンと略される．火花点火機関は高電圧放電による火花によって点火し，圧縮着火機関は高温・高圧の空気中に燃料を噴射することで着火する．これは点火方法による分類ではあるが，本質は燃焼方法の相違による分類であり，燃焼方法の相違から点火方式だけではなくサイクル，燃料，燃料供給方法，排ガス成分などに影響を与える．図 1.10 に，火花点火機関と圧縮着火機関の燃焼の模式図を示す．

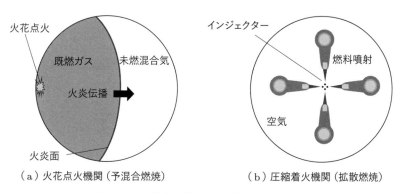

（a）火花点火機関（予混合燃焼）　　　（b）圧縮着火機関（拡散燃焼）

図 1.10　火花点火機関と圧縮着火機関の燃焼

● 火花点火機関

　火花点火機関は，あらかじめ燃料と空気を混合した**混合気**を供給する．すなわち，新気として混合気を機関に吸入し，圧縮後に高電圧火花放電によって点火することで，初期火炎核が形成される．これを**予混合燃焼**という．予混合燃焼では点火後**火炎面**が形成され，火炎面によって既燃ガスと未燃混合気が明確に区分される．また，燃焼反応は火炎面内のみで起こり，火炎面が未燃混合気へ火炎伝播することで燃焼が継続し，燃焼室端部まで火炎が伝播することで燃焼が終了する．

　まとめると，予混合燃焼は，火花放電 → 電極近傍の局所的な混合気の活性化 → 化学反応の開始 → **初期火炎核の形成** → 火炎伝播の順番で進む．火花放電をしても初期火炎核が形成されない場合，もしくは形成された初期火炎核から火炎伝播に至らない場合を**消炎**という．また，放電から化学反応が始まり，初期火炎核が形成されるまで

の時間を**着火遅れ期間**という．火花点火機関はシリンダ内の圧力が上死点において最高となった場合に理論熱効率が最大となるため，着火遅れ期間と燃焼時間を考慮して上死点より前に点火する必要がある．これを**点火進角**といい，上死点前のクランク角度 [deg.BTDC] で表す．ここで，BTDC とは Before Top Dead Center の略である（上死点後のクランク角度で表すこともでき，この場合は After Top Dead Center の略から単位は [deg.ATDC] となる）．化学反応に要する時間は回転速度とは無関係なため，回転が速くなるほど点火進角を進める必要がある．

● **圧縮着火機関**

　圧縮着火機関は，新気として空気を機関に吸入し，圧縮後に高温高圧となった空気に燃料をインジェクターから噴射して着火・燃焼する．これを**拡散燃焼**という．拡散燃焼では明確な火炎面は認められず，燃料と空気が拡散混合し燃焼が可能な混合気が形成された部分から燃焼が開始され，その後は燃料噴射に従って拡散燃焼が進行する．拡散燃焼は，燃料噴射 → 燃料の微粒化 → 燃料の気化 → 空気と燃料蒸気の混合 → 局所的な化学反応の開始 → 拡散燃焼の順番で進む．よって，拡散燃焼の着火遅れ期間は，燃料を噴射し可燃範囲の混合気が形成されるまでの**物理的着火遅れ期間**と，予混合燃焼と同様の**化学的着火遅れ期間**に分けられる．拡散燃焼では，燃料の噴射に従って燃焼が進行するが，吸入された空気で燃焼できる以上の燃料を噴射することはできない．

1.2.3　ロータリーエンジン

　ここまでに説明したもの以外のエンジンとして，**ロータリーエンジン**がある．ロータリーエンジンは容積型内燃機関であるが，ピストンの代わりに出力軸に対して偏心して回転するローター，シリンダの代わりにローターの移動に従った形状のローターハウジング，クランク軸の代わりにエキセントリックシャフト（偏心軸）から構成される．実用化されたロータリーエンジンは，フェリクス・ヴァンケル (Felix Wankel) によって発明された，ローターが三角形のものである．これは，**図 1.11** に示す構造をもち，ハウジングをトロコイド曲線で構成させる形状とし，ローターの偏心やローター中心から頂点までの距離を設定する．ローターが 1 回転する間にエキセントリックシャフトが 1 回転し，ローターの各頂点がローターハウジングのトロコイド面に沿うように移動する．ローターの 3 面がシリンダの役目を果たすため，エキセントリックシャフト 1 回転ごとに 3 回燃焼する．4 ストローク機関のように行程が区分されているが，各行程はローターハウジングの異なった場所で行われる．ロータリーエンジンの特長として，小型であり振動が少なく，バルブなどが必要ない単純な構造である

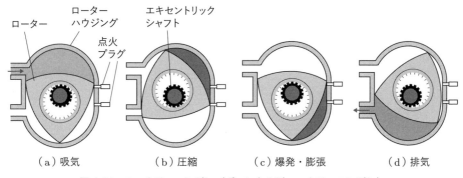

ローター
ローターハウジング
エキセントリックシャフト
点火プラグ

（a）吸気　　　　（b）圧縮　　　　（c）爆発・膨張　　　　（d）排気

図 1.11　ロータリーエンジン（ヴァンケル型ロータリーエンジン）

ことが挙げられる．一方，燃焼室の表面積が大きくローターの回転に伴って燃焼が移動するために冷却損失が大きい，ローター頂点のシール（アペックスシール）の漏れ対策と耐久性に難があるなどの欠点もある．

エンジンを理解するための熱力学

エンジンは燃焼で得られた熱エネルギーを外部への仕事に変換するため，その挙動を知るには熱力学を理解する必要がある．本章では，エンジン開発のために知っておきたい熱力学の基礎を説明する．

熱力学では，気体の状態を表し，気体の状態のみによって定まる**状態量**によって，熱エネルギーや仕事を求める．状態量は，物質の質量によらない**示強性状態量**と，物質の質量に比例する**示量性状態量**に分けられる．示量性状態量は単位質量あたりの状態量，つまり**比状態量**として扱うことが多い．本書では比状態量は小文字のアルファベットで表す．熱力学で扱う主な状態量を以下に示す．

- **示強性状態量**：圧力 p [Pa]，温度 T [K]，密度 ρ [m³/kg]
- **示量性状態量**：体積 V [m³]，質量 m [kg]，内部エネルギー U [J]，
  エントロピー S [J/K]，エンタルピー H [J]

2.1 エンジンの基礎熱力学

2.1.1 熱力学第一法則

熱力学第一法則とは，熱力学的なエネルギーの保存法則である．系にある物質は，力学的エネルギー，電気エネルギーや化学エネルギーなどをもつことができる．熱力学第一法則では，熱エネルギー dQ，内部エネルギー dU および仕事 dW に着目し，系を初めの平衡状態から最終的な平衡状態に変化させるとき，外界から系に加えられた**熱エネルギー dQ** は，系の**内部エネルギーの変化 dU** と外部への仕事 dW の和に等しいと定義され，

$$dQ = dU + dW \tag{2.1}$$

となる．つまり，熱力学第一法則は，熱エネルギーと仕事が等価であり，相互に変換できることを意味している．ここで，内部エネルギーとは気体の分子や原子のもつエネルギーであり，分子間力に起因するエネルギーと，分子の熱運動による運動エネルギーの和である．分子間力を無視する（理想気体）と，内部エネルギーは気体の質量と温度に比例する．つまり，熱力学第一法則において，系の作動流体に熱エネルギー

dQ を与えると，熱エネルギーは作動流体の内部エネルギー dU と外部への仕事 dW に変換され，dQ, dU と dW の和は一定となり，熱力学的エネルギーは保存されることを意味する.

(1) 絶対仕事と工業仕事

　熱機関は，熱力学第一法則に則って作動流体を用いて熱エネルギーを力学的仕事に変換する装置である．装置には閉じた系と開いた系がある．閉じた系から得られる仕事を**絶対仕事** W，開いた系から得られる仕事を**工業仕事** W_t という.

● 閉じた系

　閉じた系は，系と外界との間で物質を流入流出することなく，系と外界とで熱エネルギーと仕事を変換する．容積型熱機関は閉じた系であるが，実際には外界から新気を吸入し既燃ガスを排出することで連続的に作動している．しかし，吸入と排出は系が行う熱エネルギーと仕事の変換とは無関係なため，吸入排出をポンプ仕事として別途に取り扱う．図 2.1(a) に示すように，シリンダ内の圧力 p によってピストンが距離 dx 移動する場合，ピストン頭部の面積を A とすると，ピストンを押す力 F は $F = pA$，シリンダの微小容積変化が $dV = Adx$ であるので，力学的仕事 W は，定義から

$$dW = Fdx = pAdx = pdV \tag{2.2}$$

となる．この W は，仕事の定義から導かれるため，絶対仕事 W という.

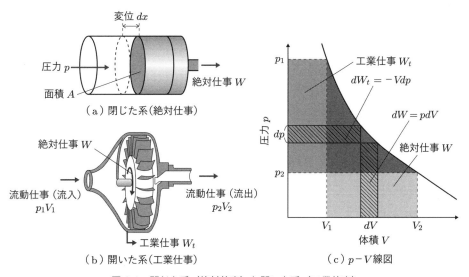

（a）閉じた系（絶対仕事）

（b）開いた系（工業仕事）

（c）p–V 線図

図 2.1　閉じた系（絶対仕事）と開いた系（工業仕事）

● **開いた系**

開いた系は，系と外界との間で物質の流入流出をしながら，熱エネルギーと仕事を変換する．速度型熱機関は開いた系であり，熱エネルギーを仕事に変換するために作動流体の系への流入流出が必要である．よって，作動流体を系に流入する仕事と系から流出する仕事が必要となり，これらを流動仕事 W_f という．開いた系から得られる工業仕事 W_t は，絶対仕事 W と流動仕事 W_f の和となる（図 2.1(b)）．開いた系は系の内部の作動流体の流動による圧力変化を力学的仕事に変換するため，工業仕事 W_t は，

$$dW_t = -V dp \tag{2.3}$$

となる．ここで，W_t が負の値をとるのは，工業仕事では外部が系にする仕事を正とし，系が外部にする仕事を負とするためである．図 (c) の p–V 線図に示されるように，絶対仕事 W に流入のための流動仕事 $p_1 V_1$ を加え，流出のための流動仕事 $p_2 V_2$ を引くと，

$$W_t = W + (p_1 V_1 - p_2 V_2) = W + W_f \tag{2.4}$$

となり，工業仕事 W_t が得られる．容積型熱機関も，吸気と排気のポンプ仕事を系のエネルギー変換に含めて考えると，開いた系として取り扱うことができる．

(2) エンタルピー

開いた系において，流動仕事は作動流体によって系に持ち込まれ，また作動流体によって系から排出されるエネルギーと考えることができる．また，作動流体は内部エネルギーをもっているため，作動流体が内部エネルギーと流動仕事によるエネルギーを合わせもつと考え，これを**エンタルピー** H [J] とよぶ．エンタルピーの定義は，

$$H = U + pV \quad （単位質量あたり：h = u + pv） \tag{2.5}$$

となる．エンタルピーを用いると，開いた系のエネルギー変換を容易に考えられる．

(3) 熱力学第一法則の表現

熱力学第一法則の定義式 (2.1) に絶対仕事 W の定義式 (2.2) を代入すると，次式の絶対仕事を用いた第一基礎式（閉じた系の表現）となる．

$$dQ = dU + pdV \quad （dQ = dU + dW） \tag{2.6}$$

また，エンタルピーの定義式 (2.5) を全微分して $dH = dU + pdV + V dp$ とし，$dU + pdV = dH - V dp$ と変形して式 (2.6) に代入すると，熱力学第一法則は，次式の工業仕事を用いた第二基礎式（開いた系の表現）で表される．

$$dQ = dH - V\,dp \quad (dQ = dH + dW_t) \tag{2.7}$$

(4) 第一種永久機関

　熱力学第一法則から，熱機関によって力学的仕事を得るためには，作動流体の内部エネルギーか熱エネルギーを仕事に変換しなければならない．よって，熱機関を連続的に作動させるためには，外界から熱機関に熱エネルギーを供給する必要がある．**第一種永久機関**とは，熱エネルギーを供給することなく力学的仕事を出力する機関であり，熱力学第一法則から存在が否定される．

(5) 熱エネルギー（等容比熱と等圧比熱）

　熱力学第一法則にある熱エネルギー dQ は，物質の質量を m [kg]，比熱を c [kJ/(kg·K)] とすると，物質の温度変化 dT から

$$dQ = mc\,dT \tag{2.8}$$

となる．ここで，比熱とは，単位質量の物体を単位温度変化させるのに必要な熱エネルギーである．よって，比熱 c は，単位質量あたりの物体の熱エネルギー $dq = dQ/m$ と式 (2.8) から，

$$c = \frac{1}{m}\frac{dQ}{dT} = \frac{dq}{dT} \tag{2.9}$$

と定義される．固体や液体は温度が変化しても体積はほぼ一定なため，体積変化に必要な熱エネルギーは無視できるが，気体の場合は体積が変化するため，一定容積での比熱（等容比熱 c_v）と一定圧力での比熱（等圧比熱 c_p）が定義される．

● 等容比熱

　容積一定（$v = $ 一定）の場合，v を微分すると $dv = 0$ となる．比熱の定義式 (2.9) と熱力学第一法則の第一基礎式 (2.6) から，**等容比熱** c_v は，単位質量あたりの内部エネルギーを du とすると

$$c_v = \left(\frac{\partial q}{\partial T}\right)_v = \frac{du + p\,dv}{dT} = \frac{du}{dT} \quad (\therefore du = c_v\,dT) \tag{2.10}$$

となる．よって，内部エネルギーの変化から等容比熱 c_v を求めることができる．

● 等圧比熱

　圧力一定（$p = $ 一定）の場合，p を微分すると $dp = 0$ となる．比熱の定義式 (2.9) と熱力学第一法則の第二基礎式 (2.7) から，**等圧比熱** c_p は，単位質量あたりのエンタルピーを dh とすると

$$c_p = \left(\frac{\partial q}{\partial T}\right)_p = \frac{dh - vdp}{dT} = \frac{dh}{dT} \quad (\therefore dh = c_p dT) \tag{2.11}$$

となる．よって，エンタルピーの変化から等圧比熱 c_p を求めることができる．

● **比熱比**

圧力一定の変化では，作動流体の温度変化に体積変化，つまり外部への仕事が伴うため，容積一定における温度変化より多くの熱エネルギーが必要である．よって，等圧比熱 c_p は等容比熱 c_v より大きくなる（$c_p > c_v$）．ここで，等圧比熱 c_p と等容比熱 c_v の比 $\kappa = c_p/c_v$ を**比熱比**という．したがって，比熱比は 1 よりも大きい（$\kappa > 1$）．

2.1.2 理想気体の状態変化

気体は，圧力や温度の変化によって体積が変化する．これは，気体の原子や分子間の距離が固体や液体に比べて非常に大きく，分子間力が小さいために原子や分子が自由に移動できるからである．**理想気体**とは，気体の状態方程式に従う理想的な気体であると定義され，理想気体と実在の気体の相違は，理想気体では分子間力を無視する点と気体の原子や分子は体積がない（原子や分子を質点とみなす）とする点である．内燃機関の作動流体は燃料と空気の混合気や燃焼後の既燃ガスで，実際の気体であるが，理想気体として扱うことができる．

(1) 理想気体の状態方程式

理想気体の**状態方程式**は，気体の圧力を $p\,[\mathrm{kPa}]$，体積を $V\,[\mathrm{m}^3]$，絶対温度を $T\,[\mathrm{K}]$，質量を $m\,[\mathrm{kg}]$ とすると，

$$pV = mRT \tag{2.12}$$

となる．ここで，$R\,[\mathrm{J/(kg \cdot K)}]$ は気体定数であり，一般気体定数 $R_0 = 8314\,\mathrm{J/(kmol \cdot K)}$ と，気体の分子量 $M\,[\mathrm{kg/kmol}]$ から $R = R_0/M$ として求める．

(2) マイヤーの関係

等圧比熱 c_p と等容比熱 c_v の差をとると，

$$c_p - c_v = \frac{dh}{dT} - \frac{du}{dT} = \frac{dh - du}{dT} = \frac{d(u + pv) - du}{dT} = \frac{du + d(pv) - du}{dT} = \frac{d(pv)}{dT}$$

となる．ここに，単位質量の理想気体の状態方程式 $pv = RT$ を代入すると，

$$c_p - c_v = \frac{d(RT)}{dT} = \frac{TdR + RdT}{dT} = \frac{RdT}{dT} = R \tag{2.13}$$

となる．この $c_p - c_v = R$ を**マイヤーの関係**といい，この式に比熱比の定義 $\kappa = c_p/c_v$

を代入すると，$c_v = R/(\kappa - 1), c_p = \kappa R(\kappa - 1)$ が得られる．

実際の内燃機関の作動流体は，吸気および圧縮行程では空気または空気と燃料の混合気，膨張行程では既燃ガスであり，複数の気体の混合気体となる．混合気体の物性値は，混合気体中の各気体の質量分率から求める．混合気体の気体定数 R_m，等容比熱 c_v [kJ/(kg·K)]，等圧比熱 c_p [kJ/(kg·K)] は，i 成分の気体の気体定数 R_i，等容比熱 c_{vi}，等圧比熱 c_{pi} と各気体の質量分率 g_i $(g_i = m_i/(m_1 + m_2 + \cdots + m_x))$ から，以下のようになる．

$$R_m = \sum_{i=1}^{x} g_i R_i, \qquad c_v = \sum_{i=1}^{x} g_i c_{vi}, \qquad c_p = \sum_{i=1}^{x} g_i c_{pi}$$

(3) 理想気体の状態変化

熱力学第一法則は，内部エネルギーを式 (2.10) から $dU = mc_v dT$ $(du = c_v dT)$ とすると，$dQ = mc_v dT + pdV$ となる．この式は体積 V，圧力 p，絶対温度 T および熱エネルギー Q の四つの変数からなる．このうち一つの変数を一定として気体の状態を変化させると，一定とした変数によって，それぞれ**等容変化**，**等圧変化**，**等温変化**，**断熱変化**となる．

● 等容変化

等容変化は容積一定 $(V = $ 一定$)$ の状態変化である．V を微分すると $dV = 0$ となり，p–V 線図は**図 2.2**(b) となる．また，理想気体の状態方程式から $p/T = mR/V = $ 一定 となる．絶対仕事 W（式 (2.2)），工業仕事 W_t（式 (2.3)）および熱エネルギー Q（式 (2.8)）は，

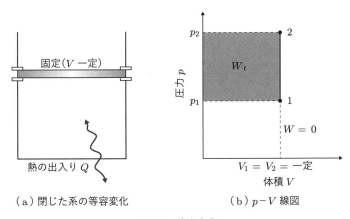

（a）閉じた系の等容変化　　　　（b）p-V 線図

図 2.2　等容変化

$$\text{絶対仕事} \quad W = \int_1^2 dW = \int_1^2 p\,dV = 0$$

$$\text{工業仕事} \quad W_t = \int_1^2 dW_t = -\int_1^2 V\,dp = -V\int_1^2 dp = -V[p]_1^2$$

$$= -V(p_2 - p_1) = V(p_1 - p_2)$$

$$\text{熱エネルギー} \quad Q = \int_1^2 mc_v dT = mc_v \int_1^2 dT = mc_v[T]_1^2 = mc_v(T_2 - T_1)$$

となる．また，熱力学第一法則の第一基礎式 $dQ = dU + p\,dV$ から $dQ = dU$ となり，熱エネルギーは内部エネルギーの変化量となる．

● **等圧変化**

等圧変化は圧力一定（$p = $ 一定）の状態変化である．p を微分すると $dp = 0$ となり，p–V 線図は**図 2.3**(b) となる．また，理想気体の状態方程式から $V/T = mR/p = $ 一定となる．絶対仕事 W（式 (2.2)），工業仕事 W_t（式 (2.3)）および熱エネルギー Q（式 (2.8)）は，

$$\text{絶対仕事} \quad W = \int_1^2 dW = \int_1^2 p\,dV = p\int_1^2 dV = p[V]_1^2 = p(V_2 - V_1)$$

$$\text{工業仕事} \quad W_t = \int_1^2 dW_t = -\int_1^2 V\,dp = 0$$

$$\text{熱エネルギー} \quad Q = \int_1^2 mc_p dT = mc_p \int_1^2 dT = mc_p[T]_1^2 = mc_p(T_2 - T_1)$$

となる．また，熱力学第一法則の第二基礎式 $dQ = dH - V\,dp$ から $dQ = dH$ となり，熱エネルギーはエンタルピーの変化量となる．

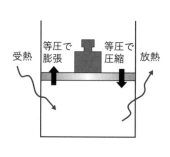

（a）閉じた系の等圧変化

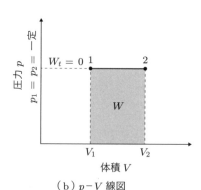

（b）p–V 線図

図 2.3　等圧変化

例題 2.1 等圧変化において，熱エネルギー Q から絶対仕事 W に変換される割合と内部エネルギー U に変換される割合を求めよ．

解答 等圧変化における絶対仕事は $W = p(V_2 - V_1)$，熱エネルギーは $Q = mc_p(T_2 - T_1)$ であるので，熱エネルギー Q から絶対仕事 W に変換される割合は，

$$\frac{W}{Q} = \frac{pV_2 - pV_1}{mc_p(T_2 - T_1)} = \frac{mRT_2 - mRT_1}{mc_p(T_2 - T_1)} = \frac{mR(T_2 - T_1)}{mc_p(T_2 - T_1)} = \frac{R}{c_p} = \frac{R}{\kappa R/(\kappa - 1)} = \frac{\kappa - 1}{\kappa}$$

となる．また，等圧変化の内部エネルギーは，$du = c_v dT$ から $U = mc_v(T_2 - T_1)$ であり，

$$\frac{U}{Q} = \frac{mc_v(T_2 - T_1)}{mc_p(T_2 - T_1)} = \frac{1}{\kappa}$$

となる．よって，等圧変化において熱エネルギー Q から絶対仕事 W と内部エネルギー U に変換される割合は，作動流体の比熱比のみによって決定される．

● 等温変化

等温変化は温度一定（$T = $ 一定）の状態変化である．T を微分すると $dT = 0$ となり，p–V 線図は図 2.4(b) となる．また，理想気体の状態方程式から $pV = mRT = $ 一定となる．絶対仕事 W（式 (2.2)），工業仕事 W_t（式 (2.3)）は，

$$絶対仕事 \quad W = \int_1^2 dW = \int_1^2 p dV = \int_1^2 \frac{mRT}{V} dV = mRT \int_1^2 \frac{1}{V} dV$$
$$= mRT \ \ln \frac{V_2}{V_1}$$

$$工業仕事 \quad W_t = \int_1^2 dW_t = -\int_1^2 V dp = -\int_1^2 \frac{mRT}{p} dp$$
$$= -mRT \ \ln \frac{p_2}{p_1} = mRT \ \ln \frac{p_1}{p_2}$$

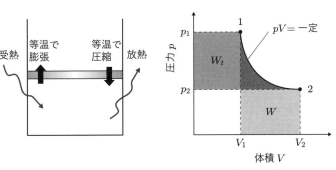

（a）閉じた系の等温変化　　　（b）p–V 線図

図 2.4　等温変化

となり，ここで，$pV = $ 一定 から，$p_1V_1 = p_2V_2$ より $p_1/p_2 = V_2/V_1$ となり，$W = W_t$ となる．

等温変化では $dT = 0$ であるから，$du = c_vdT$（式 (2.10)）および $dh = c_pdT$（式 (2.11)）から $du = 0, dh = 0$ となり，内部エネルギー dU もエンタルピー dH も変化しない．よって，熱力学第一法則の第一基礎式 (2.6) および第二基礎式 (2.7) から $dQ = dW$ および $dQ = dW_t$ となり，熱エネルギー Q は，次式のように，絶対仕事 W および工業仕事 W_t に等しい．

$$\text{熱エネルギー} \quad Q = W = W_t$$

● 断熱変化

断熱変化は熱エネルギー一定（$Q = $ 一定）の状態変化である．Q を微分すると $dQ = 0$ となる．よって，熱力学第一法則の第一基礎式 (2.6) から，

$$dQ = dU + pdV = 0 \quad \rightarrow \quad mc_vdT + pdV = 0$$
$$\rightarrow \quad \frac{R}{\kappa - 1}mdT + pdV = 0$$

となる．ここで，理想気体の状態方程式 $pV = mRT$ を微分すると $pdV + Vdp = mRdT$ となるので，$R = (pdV + Vdp)/mdT$ より，

$$\frac{pdV + Vdp}{\kappa - 1} + pdV = 0 \quad \rightarrow \quad (pdV + Vdp) + (\kappa - 1)pdV = 0$$
$$\rightarrow \quad Vdp + \kappa pdV = 0$$

となる．両辺に $1/(pV)$ をかけ，不定積分をすると，

$$\frac{Vdp}{pV} + \frac{\kappa pdV}{pV} = 0 \quad \rightarrow \quad \frac{dp}{p} + \kappa\frac{dV}{V} = 0 \quad \rightarrow \quad \int \frac{dp}{p} + \kappa \int \frac{dV}{V} = 0$$
$$\rightarrow \quad \ln p + \ln V^\kappa = C \quad \rightarrow \quad \ln pV^\kappa = C \quad \therefore pV^\kappa = \text{一定}$$

となり，断熱変化における圧力 p と体積 V の関係が導かれる．p–V 線図は**図 2.5**(b) となる．$pV^\kappa = $ 一定 に理想気体の状態方程式を代入して整理すると，断熱変化における温度 T と体積 V の関係 $TV^{\kappa-1} = $ 一定，圧力 p と温度 T の関係 $T/p^{(\kappa-1)/\kappa} = $ 一定 を導くことができる．

絶対仕事 W は，式 (2.2) に，$pV^\kappa = $ 一定 から $p = p_1V_1^\kappa/V^\kappa$ を代入すると，

$$W = \int_1^2 dW = \int_1^2 pdV = \int_1^2 \frac{p_1V_1^\kappa}{V^\kappa}dV = \frac{p_1V_1}{\kappa - 1}\left\{1 - \left(\frac{V_1}{V_2}\right)^{\kappa-1}\right\}$$

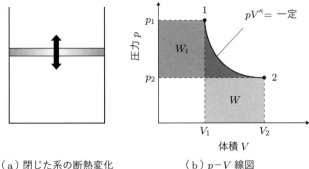

（a）閉じた系の断熱変化 　　　　（b）p-V 線図

図 2.5　断熱変化

$$= \frac{p_1 V_1}{\kappa - 1} \left\{ 1 - \left(\frac{p_2}{p_1} \right)^{\frac{\kappa - 1}{\kappa}} \right\}$$

となり，工業仕事 W_t は，式 (2.3) に，$pV^\kappa =$ 一定 から $V = V_1 p_1^{1/\kappa}/p^{1/\kappa}$ を代入すると，

$$W_t = \int_1^2 dW_t = -\int_1^2 V dp = -\int_1^2 V_1 p_1^{\frac{1}{\kappa}} \left(\frac{1}{p^{1/\kappa}} \right) dp$$

$$= \kappa \frac{p_1 V_1}{\kappa - 1} \left\{ 1 - \left(\frac{p_2}{p_1} \right)^{\frac{\kappa - 1}{\kappa}} \right\}$$

となる．よって，絶対仕事 W と工業仕事 W_t には，$W_t = \kappa W$ の関係がある．

例題 2.2　断熱変化における絶対仕事 W と工業仕事 W_t が，それぞれ内部エネルギーの変化量 dU とエンタルピー変化量 dH に等しいことを示せ．また，絶対仕事 W と工業仕事 W_t を温度の変化から求めよ．

解答　熱力学第一法則の第一基礎式と第二基礎式に $dQ = 0$ を代入すると，

$$0 = dU + dW \quad \rightarrow \quad dW = -dU$$

となるため，絶対仕事は内部エネルギーの変化量と等しい．さらに，

$$0 = dH + dW_t \quad \rightarrow \quad dW_t = -dH$$

であるため，工業仕事はエンタルピーの変化量と等しい．

　また，式 (2.10) と式 (2.11) を上式に代入して定積分すると，絶対仕事 W と工業仕事 W_t は，

$$W = \int_1^2 dW = \int_1^2 (-mc_v dT) = -mc_v \int_1^2 dT = mc_v [-T]_1^2 = mc_v (T_1 - T_2)$$

$$= m\frac{R}{\kappa - 1}(T_1 - T_2)$$

$$W_t = \int_1^2 dW_t = \int_1^2 (-mc_p dT) = -mc_p\int_1^2 dT = mc_p[-T]_1^2 = mc_p(T_1 - T_2)$$

$$= m\frac{\kappa R}{\kappa - 1}(T_1 - T_2)$$

となる．ここで，絶対仕事 W と工業仕事 W_t の比をとると，同様に $W_t = \kappa W$ が得られる．

● **ポリトロープ変化**

ポリトロープ変化とは，n をポリトロープ指数として $pV^n = $ 一定(または $TV^{n-1} = $ 一定，$T/p^{(n-1)/n} = $ 一定) とした気体の状態変化である．ポリトロープ指数を変更することで，等容変化，等圧変化，等温変化，断熱変化を表すことができる．すなわち，図 2.6 の p–V 線図に示すように，

・$n = \infty$　　$pV^{\infty} = V = $ 一定　　等容変化

・$n = 0$　　$pV^0 = p = $ 一定　　等圧変化

・$n = 1$　　$pV^1 = pV = $ 一定　　等温変化

・$n = \kappa$　　$pV^{\kappa} = $ 一定　　　断熱変化

と表せる．また，ポリトロープ指数 n を $1 < n < \kappa$ とすることで，等温変化と断熱変化の間の変化である，実際の熱機関の圧縮過程や膨張過程を表すことができる．

断熱変化の場合を参考にして，絶対仕事 W および工業仕事 W_t を求めると，

$$\text{絶対仕事}\quad W = \frac{p_1V_1}{n - 1}\left\{1 - \left(\frac{V_1}{V_2}\right)^{n-1}\right\} = \frac{p_1V_1}{n - 1}\left\{1 - \left(\frac{p_2}{p_1}\right)^{\frac{n-1}{n}}\right\}$$

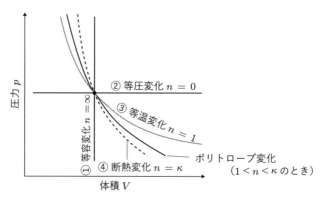

図 2.6　ポリトロープ変化

$$= \frac{mR}{n-1}(T_1 - T_2)$$

$$\text{工業仕事} \quad W_t = \frac{np_1V_1}{n-1}\left\{1 - \left(\frac{V_1}{V_2}\right)^{n-1}\right\} = \frac{np_1V_1}{n-1}\left\{1 - \left(\frac{p_2}{p_1}\right)^{\frac{n-1}{n}}\right\}$$

$$= n\frac{mR}{n-1}(T_1 - T_2)$$

となる.

熱エネルギーは, 熱力学第一法則 $dQ = dU + dW$ に $dU = mc_v dT$ を代入して定積分し,

$$Q = \int_1^2 dQ = \int_1^2 (mc_v dT + dW) = \int_1^2 mc_v dT + \int_1^2 dW$$

$$= mc_v(T_2 - T_1) + \frac{mR}{n-1}(T_1 - T_2) = \left(mc_v - m\frac{R}{n-1}\right)(T_2 - T_1)$$

$$= \left\{mc_v - m\frac{c_v(\kappa - 1)}{n-1}\right\}(T_2 - T_1) = mc_v\frac{n-\kappa}{n-1}(T_2 - T_1)$$

と求められる. ここで, $c_n = c_v(n-\kappa)/(n-1)$ を**ポリトロープ比熱**とよぶ.

2.1.3 熱力学第二法則とカルノーサイクル

自然界には変化の方向があり, 熱エネルギーは自然界では必ず高温から低温へ移動する. **熱力学第二法則**は, 自然界での変化の方向と自然界における非可逆性を表した法則である. 熱力学第二法則は次の四つの原理（言葉）で定義されており, 定義式はない.

- **クラウジウスの原理**：外界に何の変化も起こさないように低温熱源から高温熱源に熱エネルギーを移動させることはできない
- **ケルビン・プランクの原理**：外界に何の変化も残さないで, 熱源の熱エネルギーを循環的に仕事に変換する過程はない
- **トムソンの原理**：一つの熱源から熱を取り出して, これをすべて仕事に変換するだけでほかに何の変化も残さないような過程はない
- **オストヴァルトの原理**：ただ一つの熱源から熱エネルギーを受け取って, 循環的に仕事をする熱機関（第二種永久機関）は存在しない

これらは, 自然界における熱エネルギーの移動はすべて非可逆であることを表している. この非可逆性により, 熱エネルギーのすべてを熱機関によって力学的仕事に変換することはできない. しかし, 熱力学第一法則では, 熱エネルギーと仕事は等価であり, 相互に変換できることが示されている. つまり, 熱力学第一法則は熱エネルギー

と力学的仕事は量的に等しいことを意味し，熱力学第二法則は熱エネルギーと力学的仕事は質的に異なることを意味する．これは，力学的仕事は物体の運動によって発生するのに対して，熱エネルギーは作動流体の分子や原子の熱運動によって発生するためである．つまり，熱エネルギーを仕事に変換する際に**エネルギーの散逸**があり，熱エネルギーをすべて仕事にすることはできない．しかし，散逸したエネルギーは最終的にすべて熱エネルギーとなり外界に放出されるため，エネルギーの散逸も含めると，仕事はすべて熱エネルギーに変換される．

(1) エネルギーの散逸

　自然界において，系の内部または系と外界との間には熱力学的な非可逆過程がある．この熱力学的非可逆過程は熱的非平衡と力学的非平衡に分けられ，また，非平衡となる要因は，系の内部で生じる内的要因と系と外界との間で発生する外的要因に分けられる．これらの非可逆過程によって散逸したエネルギーは最終的に熱エネルギーとなり，力学的仕事に変換することはできない．

● 熱的非平衡

　熱的非平衡は，熱エネルギーの移動によって生じる非平衡である．熱エネルギーの移動は高温部分から低温部分にしか起こらないため非可逆現象である．内的要因としては熱機関の燃焼室内の火炎面から未燃混合気への熱エネルギーの移動が，外的要因としては熱機関から外界への伝熱による熱損失が挙げられる．

● 力学的非平衡

　力学的非平衡は，系のもつエネルギーや力学的仕事が熱エネルギーへ変換することで生じる非平衡である．内的要因としては，作動流体内部の速度変化による渦の発生などが挙げられる．作動流体内で発生した渦は最終的に熱エネルギーとなって散逸する．外的要因としては，熱機関内の駆動部分の摩擦によって発生する摩擦熱が挙げられる．摩擦熱も最終的に系から外界に放熱され，力学的仕事に変換することはできない．

(2) 第二種永久機関

　第二種永久機関とは，一つの熱源から正の熱エネルギーを受け取り，すべて仕事に変える以外，ほかに何の痕跡も残さない機関である．つまり，第二種永久機関は，高温熱源から得た熱エネルギーをすべて仕事に変換でき，排熱しないために熱源が一つである熱機関といえる．しかし，実際には低温熱源に放熱をしなければ循環的に熱機関を作動できない．また自然界の非可逆性によってエネルギーが散逸するために必ず外界への熱エネルギーの放出があり，外界に何らかの痕跡を残すこととなる．よって，熱力学第二法則から第二種永久機関の存在は否定される．

(3) 可逆変化と準静的過程

　自然界の過程はすべて非可逆変化であり，エネルギーの散逸があるものの，**可逆変化**を仮定しないとさまざまな熱力学的な計算ができない．また，系と外界が平衡状態にある場合は物質もエネルギーも移動せず，変化は生じない．そこで，**熱力学的平衡状態**に対して無限小の差を与え無限の時間をかけて変化することで，熱力学的平衡状態を保ったまま変化できるとする．これを**準静的過程**という．たとえば，熱源から熱機関が熱エネルギーを受け取る場合，熱力学第二法則から，熱源の温度が熱機関の温度よりも高くなければ熱エネルギーは移動しない．しかし，準静的過程を取り入れることで熱源の温度と熱機関の温度が等しい熱力学的平衡状態でも，熱機関は熱源から熱エネルギーを受け取ることができ，また熱エネルギーを放出することもできる．すなわち，準静的過程を導入することで，過程を可逆変化とすることができる．

(4) エントロピー

　エントロピー S とは，次式で定義される示量性状態量である．

$$dS = \frac{dQ}{T} \quad \left(\text{単位質量あたり}: ds = \frac{dq}{T}\right) \tag{2.14}$$

　エントロピーの定義から，断熱変化 $dQ = 0$ の場合 $dS = 0$ となり，断熱変化においてエントロピーは一定である．よって，断熱変化は等エントロピー変化ともよばれる．

　系のエントロピーは，非可逆過程の場合に増加する．よって，熱力学第二法則は非可逆過程におけるエントロピー増大の法則と考えられ，「外部から断熱された閉系内のエントロピーの和は，閉系内の変化が可逆である場合一定であり，変化が非可逆である場合では増大する」と表現される．たとえば，温度の異なる二つの物体を接触させて，熱エネルギー ΔQ が高温 T_1 の物体 1 から低温 T_2 の物体 2 に移動する現象では，物体 1 のエントロピーの変化量は $\Delta S_1 = -\Delta Q/T_1$，物体 2 のエントロピー変化量は $\Delta S_2 = \Delta Q/T_2$ である．ここで，$T_1 > T_2$ であるから $|\Delta S_1| < |\Delta S_2|$ となり，系全体のエントロピーの和は $\Delta S_1 + \Delta S_2 = -\Delta Q/T_1 + \Delta Q/T_2 > 0$ となり，増加する．自然界では，熱エネルギーは高温の物体から低温の物体へ移動するので，エントロピーが増大する方向に変化が進行する．また，温度には絶対零度という下限がある．熱エネルギーが低温の物体に移動しエントロピーが増大するとき，絶対零度に向かって熱エネルギーの質は低下する．

(5) 理想気体のエントロピーの変化量と T–S 線図

　熱機関では，エントロピーの絶対値よりも変化量が重要である．気体の状態変化において，単位質量の気体が状態 1 から状態 2 に変化した場合の比エントロピーの変化

量を求める式を以下に示す.

・断熱変化　$dq = 0$　→　$s_2 - s_1 = 0$　$(s = 一定)$

・等温変化　$dT = 0$　→　$s_2 - s_1 = R \ln \dfrac{v_2}{v_1} = -R \ln \dfrac{p_2}{p_1}$ 　　(2.15)

・等圧変化　$dp = 0$　→　$s_2 - s_1 = c_p \ln \dfrac{v_2}{v_1} = c_p \ln \dfrac{T_2}{T_1}$ 　　(2.16)

・等容変化　$dv = 0$　→　$s_2 - s_1 = c_v \ln \dfrac{T_2}{T_1} = c_v \ln \dfrac{p_2}{p_1}$ 　　(2.17)

・ポリトロープ変化　$s_2 - s_1 = c_v(n - \kappa) \ln \dfrac{v_1}{v_2} = c_v \dfrac{n - \kappa}{n} \ln \dfrac{p_2}{p_1}$ 　　(2.18)

● T–S 線図

　T–S 線図は,エントロピー S と温度 T の関係を表す線図である.エントロピーの定義から $dQ = TdS$ となるので,T–S 線図を積分することで熱量が得られる.p–V 線図は積分すると仕事が得られるため仕事線図といい,T–S 線図は熱線図という.気体の状態変化を p–V 線図および T–S 線図に示すと,**図2.7** のようになる.

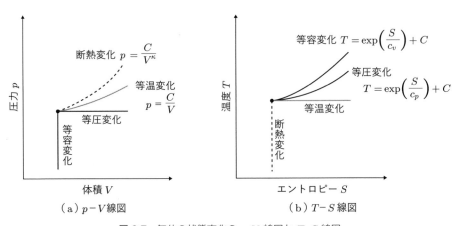

（a）p–V 線図　　　　　　　　（b）T–S 線図

図2.7　気体の状態変化の p–V 線図と T–S 線図

(6) カルノーサイクル

　カルノーサイクルは,ニコラ・カルノー (Nicolas Carnot) が考案した,サイクルの作動温度（最高温度と最低温度）を定めたときに理論熱効率がもっとも高くなるサイクルである.**図2.8** に,可逆カルノーサイクルの p–V 線図および T–S 線図を示す.可逆カルノーサイクルは可逆変化で構成され,時計回りに作動すると熱機関のカルノーサイクルとなる.状態 $1 \to 2$ で等温膨張によって温度 T_H 一定で高温熱源から熱エネルギー Q_1 を受熱し,状態 $2 \to 3$ で断熱膨張により低温の T_L になる.状態 3

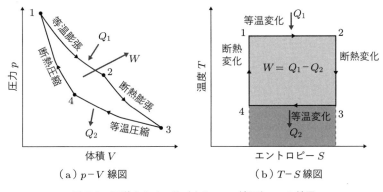

図 2.8 可逆カルノーサイクル p–V 線図と T–S 線図

$\to$ 4 で等温圧縮によって温度 T_L 一定で低温熱源に熱エネルギー Q_2 を排出し，状態 4 $\to$ 1 で断熱圧縮して温度 T_H となりサイクルが完了する．カルノーサイクルの理論熱効率 η は，等温変化での受熱量が $Q_1 = mRT_H \ln(V_2/V_1)$，等温変化での排熱量が $-Q_2 = mRT_L \ln(V_4/V_3)$ であるので，

$$\eta = 1 - \frac{Q_2}{Q_1} = 1 - \frac{-mRT_L \ln(V_4/V_3)}{mRT_H \ln(V_2/V_1)} = 1 - \frac{mRT_L \ln(V_3/V_4)}{mRT_H \ln(V_2/V_1)}$$

となる．ここで，排熱量 Q_2 の計算値が負であるためマイナスとした．また，2 $\to$ 3 の変化および 4 $\to$ 1 の変化が断熱変化なので，$T_H V_2^{\kappa-1} = T_L V_3^{\kappa-1}$ および $T_L V_4^{\kappa-1} = T_H V_1^{\kappa-1}$ となり，$V_3/V_2 = V_4/V_1 = (T_H/T_L)^{1/(\kappa-1)}$ から $V_2/V_1 = V_3/V_4$ となるので，

$$\eta = 1 - \frac{Q_2}{Q_1} = 1 - \frac{mRT_L \ln(V_3/V_4)}{mRT_H \ln(V_2/V_1)} = 1 - \frac{T_L}{T_H} \tag{2.19}$$

となり，熱効率は高温熱源温度 T_H と低温熱源温度 T_L のみで決定される．ただし，カルノーサイクルは等温受熱と等温排熱を伴うため，カルノーサイクルで作動する内燃機関はない．

2.2 エンジンの理論サイクル

ここでは，往復動式内燃機関のエンジンの理論サイクルとして，ガソリンエンジンで用いられるオットーサイクル，ディーゼルエンジンで用いられるディーゼルサイクル，サバテサイクルに加え，実用化されてはいないものの，過去に提案された様々なサイクルについて概説する．

● 空気と燃料の混合

空気と燃料の混合割合は，燃焼や有害排出ガス成分に対して影響を与える．ここで

は燃料と空気の混合に関する用語と，燃焼の分類についての基礎的な事項を概説する.

- **混合比** MR：混合比は空気 m_a [kg] と燃料 m_f [kg] の質量混合比である．$MR = m_a/m_f$ であり，空燃比 A/F ともいう．空燃比の逆数を燃空費 F/A という.
- **理論混合比** MR_{st}：理論混合比は，燃料が完全燃焼し，燃焼後に空気中の酸素も残らないような空気（理論空気量）と燃料の混合比である．量論比または量論混合比ともいう．混合比と同様に，理論空燃比 $(A/F)_{\mathrm{st}}$，理論燃空比 $(F/A)_{\mathrm{st}}$ も定義される．ガソリンの場合，水素：炭素原子数比はおおむね C_nH_{2n} と 2:1 であるので，理論混合比は約 14.8 となる.
- **当量比** ϕ：理論燃空比 $(F/A)_{\mathrm{st}}$ と実際の燃空比 (F/A) の比であり，空気 $1\,\mathrm{kg}$ に対して量論比の何倍の燃料が供給されたかを意味する．$\phi = (F/A)/(F/A)_{\mathrm{st}}$.
- **空気過剰率** λ：理論空燃比 $(A/F)_{\mathrm{st}}$ と実際の空燃比 (A/F) の比であり，燃料 $1\,\mathrm{kg}$ に対して理論混合比の何倍の空気が供給されたかを意味する．空気比ともいう．ディーゼルエンジンでは当量比でなく空気過剰率を用いることが多い．$\lambda = (A/F)/(A/F)_{\mathrm{st}} = 1/\phi$.
- **可燃濃度範囲**：予混合気が点火後，火炎伝播して燃焼が自発的に継続する混合比の範囲をいう．混合気では，混合気中の燃料が少なすぎても（希薄），多すぎても（過濃）燃焼が継続しない．すなわち，希薄可燃限界濃度と過濃可燃限界濃度の間が可燃濃度範囲である．可燃濃度範囲は，燃料によって異なり，混合気の温度，圧力によって変化する.

● 燃焼の分類

　燃焼は**表 2.1** のように分類され，それぞれを組み合わせた燃焼となる．予混合燃焼ではあらかじめ空気と燃料を混合した混合気を燃焼し，拡散燃焼では空気中に燃料を噴射し，燃料と空気が拡散混合しながら燃焼する．よって，予混合燃焼では混合比が一定であるため均質燃焼となり，拡散燃焼は局所的な混合比が場所的，時間的に変化するため不均質燃焼となる.

　等容燃焼はエンジンのように容積一定のもとでの燃焼であり，容器内燃焼ともいい，新気の吸入と排ガスの排出のために間欠的な燃焼（間欠燃焼）となる．等圧燃焼はバーナー燃焼のように圧力一定のもとでの燃焼であり，連続的な燃焼（連続燃焼）となる.

表 2.1　燃焼の分類

空気と燃料の混合状態	燃焼状態	火炎形態
予混合燃焼（均質燃焼）	等容燃焼（間欠燃焼）	層流燃焼
拡散燃焼（不均質燃焼）	等圧燃焼（連焼続燃）	乱流燃焼

層流燃焼は火炎面上に乱れのない燃焼であり，乱流燃焼は火炎面が乱れた燃焼である．よって，火花点火機関は乱流予混合燃焼，圧縮着火機関は乱流拡散燃焼となる．

さまざまな燃焼の中でもっとも基本的な燃焼は層流予混合燃焼である．すべての燃焼形態は，火炎を局所的，瞬間的に見れば層流予混合燃焼の集合とみなすことができる．**図 2.9** に層流火炎を模式的に示す．未燃混合気が火炎面に角度 θ [deg.]，速度 U_u で流入すると，未燃混合気の火炎面の直交方向への流入速度 S_u は $S_u = U_u \sin\theta$ となる．火炎面は燃焼によって熱膨張し速度 S_b となる．火炎面に平行な方向の速度 $S_p = U_u \cos\theta$ は変化しないため，火炎面は速度 U_b で進行する．S_u が燃焼速度であり，S_b が火炎伝播速度である．すなわち，**燃焼速度**とは，未燃混合気の火炎面への直交方向の流入速度であり，単位面積の火炎面が単位時間に燃焼する未燃混合気体積とも定義できる．

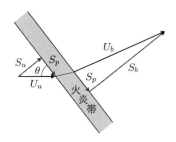

図 2.9 燃焼速度[2]

2.2.1 ガソリンエンジン（火花点火機関）の理論サイクル

ガソリンエンジンなどの火花点火機関の理論サイクルは，**オットーサイクル**である．4 ストローク火花点火機関の p–V 線図，T–S 線図および指圧線図を**図 2.10** に示す．オットーサイクルは予混合燃焼であり，ピストンが上死点に位置するときに無限小の時間で等容受熱する．ここで，4 ストローク火花点火機関のサイクルを，オットーサイクルと，新気を吸入し排ガスを排出する**ポンプ仕事**とに分けて考える．混合気の吸気と排ガスの排出を合わせると 1 回転となり，これがポンプ仕事となる．ポンプ仕事は，p–V 線図上で反時計回りとなるため，$(p_b - p_r)V_h$ という負の仕事となる．

各行程でのエンジンの挙動は，以下のようになる．

- **吸気行程 a → 1**：混合気を吸気圧力 p_b（ブースト圧力）でシリンダ内に吸気する．
- **圧縮行程 1 → 2**：オットーサイクルが開始され，混合気を断熱圧縮する．
- **等容受熱 2 → 3**：ピストンが上死点にて等容燃焼し，等容受熱 Q_1 をする．
- **膨張行程 3 → 4**：既燃ガスが断熱膨張して，外部へ力学的仕事を行う．

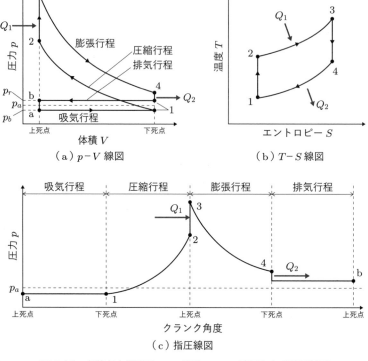

（a）p–V 線図 　　　（b）T–S 線図

（c）指圧線図

図2.10　火花点火機関の p–V 線図，T–S 線図および指圧線図

・**等容排熱 4 → 1**：一定容積のもとで等容排熱 Q_2 し，オットーサイクルが完了する．

・**排気行程 1 → b**：排気圧力 p_r のもとで，既燃ガスをシリンダから排出する．

オットーサイクルの理論熱効率 η_o は，等容変化の受熱量 Q_1 が $Q_1 = mc_v(T_3 - T_2)$，排熱量 Q_2 が $Q_2 = mc_v(T_4 - T_1)$ となるので，

$$\eta_o = 1 - \frac{Q_2}{Q_1} = 1 - \frac{mc_v(T_4 - T_1)}{mc_v(T_3 - T_2)} = 1 - \frac{T_4 - T_1}{T_3 - T_2}$$

となる．ここで，1→2の変化および3→4の変化は断熱変化なので，$T_1 V_1^{\kappa-1} = T_2 V_2^{\kappa-1}$ および $T_3 V_3^{\kappa-1} = T_4 V_4^{\kappa-1}$ となる．圧縮比は $\varepsilon = V_1/V_2 = V_4/V_3$ なので，

$$\frac{T_2}{T_1} = \frac{V_1^{\kappa-1}}{V_2^{\kappa-1}} = \varepsilon^{\kappa-1}, \qquad \frac{T_3}{T_4} = \frac{V_4^{\kappa-1}}{V_3^{\kappa-1}} = \varepsilon^{\kappa-1}$$

$$\rightarrow \quad T_2 = T_1 \varepsilon^{\kappa-1}, \qquad T_3 = T_4 \varepsilon^{\kappa-1}$$

$$\eta_o = 1 - \frac{T_4 - T_1}{T_3 - T_2} = 1 - \frac{T_4 - T_1}{T_4 \varepsilon^{\kappa-1} - T_1 \varepsilon^{\kappa-1}} = 1 - \frac{T_4 - T_1}{\varepsilon^{\kappa-1}(T_4 - T_1)}$$
$$= 1 - \frac{1}{\varepsilon^{\kappa-1}} \qquad (2.20)$$

となる．比熱比 κ は物性値であるから，オットーサイクルの理論熱効率は圧縮比 ε のみの関数となり，圧縮比が高いほど理論熱効率は高くなる．

● **出力制御とポンプ仕事**

火花点火機関は，吸気圧力で出力を制御する．つまり，一定の回転速度のもとで出力を変化させる場合，1サイクルの燃料量，つまり混合気質量 m を変化させる必要がある．吸気行程で吸入する混合気の体積は排気量 V_h であり，混合気質量を変化させるには混合気密度 ρ を変化させる．ここで密度は $\rho = m/V$ であり，理想気体の状態方程式より $\rho = m/V_h = p_b/(RT)$ となる．つまり混合気密度は，スロットルバルブ（絞り弁）によって吸気圧力 p_b を変えることで変化させる．よって，火花点火機関の場合，吸気圧力の制御は出力変化のために必要であり，ポンプ仕事を無視できない．

2.2.2 ディーゼルエンジン（圧縮着火機関）の理論サイクル

ディーゼルエンジンは，船舶などに用いられる低・中速圧縮着火機関と，バスやトラックに用いられる高速圧縮着火機関に分けられる．低速圧縮着火機関はおおむね回転速度 $300\,\mathrm{rpm}$（$\mathrm{min^{-1}}$）以下，中速圧縮着火機関は 300–1000 rpm 程度，1000 rpm 以上が高速圧縮着火機関となる．低・中速圧縮着火機関の理論サイクルは**ディーゼルサイクル**，高速圧縮着火機関の理論サイクルは**サバテサイクル**である．

● **ディーゼルサイクル**

4 ストローク低・中速圧縮着火機関の p–V 線図，T–S 線図および指圧線図を**図 2.11**に示す．ディーゼルサイクルは拡散燃焼であり，等圧受熱である．よって，空気のみを吸入し断熱圧縮したあと，ピストンが上死点付近にあるときに燃料噴射を開始し，燃料噴射終了まで一定圧力のもとで拡散燃焼する．

- ・**吸気行程 a → 1**：空気を大気圧力 p_a のもとでシリンダ内に吸気する．
- ・**圧縮行程 1 → 2**：ディーゼルサイクルが開始され，空気を断熱圧縮する．
- ・**等圧受熱 2 → 3**：ピストンが上死点にて燃料噴射を始めることで拡散燃焼が開始し，燃焼噴射が終了するまで等圧受熱 Q_1 をする．ここで，$\beta_d = V_3/V_2$ を**締切比**とよぶ．締切比とは，等圧燃焼している期間の体積比であり，これが大きいほど拡散燃焼期間が長い．
- ・**膨張行程 3 → 4**：既燃ガスが断熱膨張して，外部へ力学的仕事を行う．

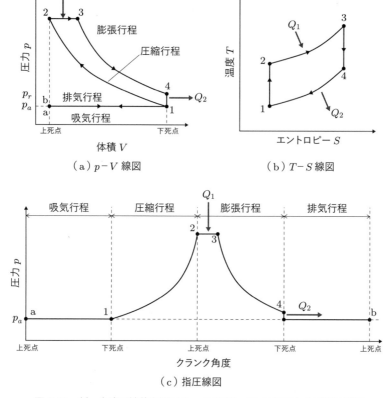

（a）p–V 線図　　　　（b）T–S 線図

（c）指圧線図

図 2.11 低・中速圧縮着火機関の p–V 線図，T–S 線図および指圧線図

・**等容排熱 4 → 1**：一定容積のもとで等容排熱 Q_2 し，ディーゼルサイクルが完了する．

・**排気行程 1 → b**：排気圧力 p_r のもとで，排ガスをシリンダから排出する．

　ディーゼルサイクルの理論熱効率 η_d は，等圧変化での受熱量 Q_1 が $Q_1 = mc_p(T_3 - T_2)$，等容変化での排熱量 Q_2 が $Q_2 = mc_v(T_4 - T_1)$ となるので，

$$\eta_d = 1 - \frac{Q_2}{Q_1} = 1 - \frac{mc_v(T_4 - T_1)}{mc_p(T_3 - T_2)} = 1 - \frac{1}{\kappa}\frac{T_4 - T_1}{T_3 - T_2}$$

となる．ここで，1 → 2 と 3 → 4 が断熱変化なので $T_1 V_1^{\kappa-1} = T_2 V_2^{\kappa-1}$，$T_3 V_3^{\kappa-1} = T_4 V_4^{\kappa-1}$，2 → 3 は等圧変化なので $T_2/V_2 = T_3/V_3$，4 → 1 は等容変化なので $V_4 = V_1$ となる．圧縮比 $\varepsilon = V_1/V_2$ と締切比 $\beta_d = V_3/V_2$ を用いて各温度を T_1 で表すと，

$$T_2 = T_1 \varepsilon^{\kappa-1}, \qquad T_3 = T_2(V_3/V_2) = T_1 \varepsilon^{\kappa-1} \beta_d,$$

$$T_4 = T_3 \left(\frac{V_3}{V_4}\right)^{\kappa-1} = T_3 \left(\frac{V_2}{V_4}\frac{V_3}{V_2}\right)^{\kappa-1} = T_3 \left(\frac{V_2}{V_1}\beta_d\right)^{\kappa-1} = T_1 \varepsilon^{\kappa-1} \beta_d \left(\frac{1}{\varepsilon}\beta_d\right)^{\kappa-1}$$

$$= T_1 \beta_d^{\kappa}$$

となる. これらをディーゼルサイクルの理論熱効率に代入して整理すると,

$$\eta_d = 1 - \frac{1}{\kappa}\frac{T_4 - T_1}{T_3 - T_2} = 1 - \frac{1}{\kappa}\frac{T_1 \beta_d^{\kappa} - T_1}{T_1 \varepsilon^{\kappa-1}\beta_d - T_1 \varepsilon^{\kappa-1}} = 1 - \frac{1}{\varepsilon^{\kappa-1}}\frac{\beta_d^{\kappa} - 1}{\kappa(\beta_d - 1)}$$

$$\text{(2.21)}$$

となる. ディーゼルサイクルの理論熱効率は圧縮比 ε と締切比 β_d の関数となり, 圧縮比が高いほど, また締切比が小さいほど理論熱効率は高くなる.

● **サバテサイクル**

4 ストローク高速圧縮着火機関の p–V 線図, T–S 線図および指圧線図を**図 2.12** に示す. サバテサイクルは, 予混合燃焼である等容受熱と拡散燃焼である等圧受熱の両者をもち, 複合サイクルともよばれる. 高速圧縮着火機関では, 燃焼を早期に完了させるため, 上死点以前から燃料の噴射が開始される. 着火する前に噴射された燃料が空気と混合され一部混合気を形成し, 上死点付近で瞬時に燃焼するためにオットーサイクルのような等容燃焼となる. その後は噴射された燃料が順次拡散燃焼して, ディーゼルサイクルと同様の等圧燃焼となる.

- **吸気行程 a → 1**: 空気を大気圧力 p_a のもとでシリンダ内に吸気する.
- **圧縮行程 1 → 2**: サバテサイクルが開始され, 空気を断熱圧縮する.
- **等容受熱 2 → 3**: ピストンが上死点にて等容燃焼が発生し, 等容受熱 Q_v をする. ここで, $\alpha = p_3/p_2$ を**圧力上昇比**とよぶ.
- **等圧受熱 3 → 3′**: 燃料噴射に従って拡散燃焼が継続し, 燃焼噴射が終了するまで等圧受熱 Q_p をする. ここで, $\beta_s = V_3'/V_3$ を締切比とする.
- **膨張行程 3′ → 4**: 既燃ガスが断熱膨張して, 外部へ力学的仕事を行う.
- **等容排熱 4 → 1**: 一定容積のもとで等容排熱 Q_2 をし, サバテサイクルが完了する.
- **排気行程 1 → b**: 排気圧力 p_r のもとで, 排ガスをシリンダから排出する.

サバテサイクルの理論熱効率 η_s は, 等容変化での受熱量 $Q_v = mc_v(T_3 - T_2)$, 等圧変化での受熱量 $Q_p = mc_p(T_3' - T_3)$ および等容変化での排熱量 $Q_2 = mc_v(T_4 - T_1)$ から,

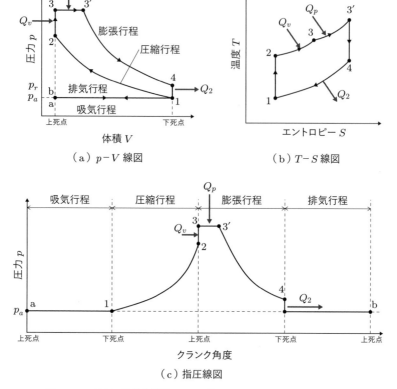

（a）p–V 線図 （b）T–S 線図

（c）指圧線図

図 2.12 高速圧縮着火機関の p–V 線図，T–S 線図および指圧線図

$$\eta_s = 1 - \frac{Q_2}{Q_1} = 1 - \frac{Q_2}{Q_v + Q_p} = 1 - \frac{mc_v(T_4 - T_1)}{mc_v(T_3 - T_2) + mc_p(T_3' - T_3)}$$

$$= 1 - \frac{T_4 - T_1}{(T_3 - T_2) + \kappa(T_3' - T_3)}$$

となる．ここで，$1 \to 2$ と $3' \to 4$ が断熱変化なので $T_1 V_1^{\kappa-1} = T_2 V_2^{\kappa-1}$，$T_3' V_3'^{\kappa-1} = T_4 V_4^{\kappa-1}$，$2 \to 3$ は等容変化なので $T_2/p_2 = T_3/p_3$，$V_2 = V_3$，$3 \to 3'$ は等圧変化なので $T_3/V_3 = T_3'/V_3'$，$4 \to 1$ は等容変化なので $V_4 = V_1$ となる．圧縮比 $\varepsilon = V_1/V_2$，圧力上昇比 $\alpha = p_3/p_2$，締切比 $\beta_s = V_3'/V_3$ を用いて各温度を T_1 で表すと，

$$T_2 = T_1 \varepsilon^{\kappa-1}, \qquad T_3 = T_2 \frac{p_3}{p_2} = T_1 \varepsilon^{\kappa-1} \alpha, \qquad T_3' = T_3 \frac{V_3'}{V_3} = T_1 \varepsilon^{\kappa-1} \alpha \beta_s,$$

$$T_4 = T_3' \left(\frac{V_3'}{V_4}\right)^{\kappa-1} = T_3' \left(\frac{V_3}{V_4} \frac{V_3'}{V_3}\right)^{\kappa-1} = T_3' \left(\frac{V_2}{V_1} \beta_s\right)^{\kappa-1} = T_1 \varepsilon^{\kappa-1} \alpha \beta_s \left(\frac{1}{\varepsilon} \beta_s\right)^{\kappa-1}$$

$$= T_1 \alpha \beta_s^\kappa$$

となる．これらをサバテサイクルの理論熱効率に代入して整理すると，

$$
\begin{aligned}
\eta_s &= 1 - \frac{T_4 - T_1}{(T_3 - T_2) + \kappa(T_3' - T_3)} \\
&= 1 - \frac{T_1 \alpha \beta_s^\kappa - T_1}{(T_1 \varepsilon^{\kappa-1}\alpha - T_1 \varepsilon^{\kappa-1}) + \kappa(T_1 \varepsilon^{\kappa-1}\alpha\beta_s - T_1 \varepsilon^{\kappa-1}\alpha)} \\
&= 1 - \frac{\alpha\beta_s^\kappa - 1}{(\varepsilon^{\kappa-1}\alpha - \varepsilon^{\kappa-1}) + \kappa(\varepsilon^{\kappa-1}\alpha\beta_s - \varepsilon^{\kappa-1}\alpha)} \\
&= 1 - \frac{1}{\varepsilon^{\kappa-1}}\frac{\alpha\beta_s^\kappa - 1}{(\alpha - 1) + \kappa\alpha(\beta_s - 1)}
\end{aligned}
\tag{2.22}
$$

となる．サバテサイクルの理論熱効率は圧縮比 ε，締切比 β_s および圧力比 α の関数となり，圧縮比と圧力比が高いほど，締切比が小さいほど理論熱効率は高くなる．

● 出力制御とポンプ仕事

圧縮着火機関は，吸気行程で空気のみを吸入し，噴射する燃料質量で出力を制御する．そのため，火花点火機関のようなスロットルバルブはなく，空気は大気圧力で吸入され，吸入空気質量は基本的に回転速度によって決定される．したがって，圧縮着火機関にも吸排気のポンプ仕事は存在するものの，火花点火機関のように積極的にポンプ仕事を変更することはないため，通常は無視する．

2.2.3 平均有効圧力

平均有効圧力 p_m とは，容積型内燃機関において1サイクルの仕事 W を排気量 V_h で割ったものであり，圧力の単位をもつ．つまり，平均有効圧力は単位排気量が1サイクルで行った仕事を意味する．**図2.13**のオットーサイクルに示すように，1サイクルの仕事は p–V 線図でサイクルに囲まれる面積となり，平均有効圧力 p_m は，排気量を底辺として1サイクルの仕事と等価な面積をもつ長方形の高さとなる．

$$
p_m = \frac{W}{V_h} = \frac{W}{V_1 - V_2}
\tag{2.23}
$$

理論平均有効圧力 p_{mth} は理論的な p–V 線図から求め，**図示平均有効圧力** p_{mi} は実際にエンジン内の圧力を測定した p–V 線図から求める．また，**正味平均有効圧力** p_{me} は，出力軸で測定した仕事から求める（詳しくは3.1.4項参照）．よって，図示平均有効圧力 p_{mi} と正味平均有効圧力 p_{me} の差はエンジン内の摩擦仕事による損失であり，これを**摩擦平均有効圧力** p_f という（$p_f = p_{mi} - p_{me}$）．また，これらの比を機械効率 η_m という（$\eta_m = p_{me}/p_{mi}$）．

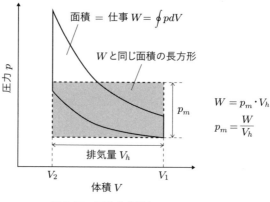

図 2.13　平均有効圧力

● 火花点火機関の理論平均有効圧力

オットーサイクルの理論平均有効圧力 p_{mtho} は，次式で表される.

$$p_{mtho} = \frac{p_1(\alpha - 1)(\varepsilon^\kappa - \varepsilon)}{(\kappa - 1)(\varepsilon - 1)} \tag{2.24}$$

● 圧縮着火機関の理論平均有効圧力

ディーゼルサイクルの理論平均有効圧力 p_{mthd} は，次式で表される.

$$p_{mthd} = \frac{p_1\{\varepsilon^\kappa \kappa(\beta_d - 1) - \varepsilon(\beta_d^\kappa - 1)\}}{(\kappa - 1)(\varepsilon - 1)} \tag{2.25}$$

また，サバテサイクルの理論平均有効圧力 p_{mths} は，次式で表される.

$$p_{mths} = p_1 \left[\frac{\varepsilon^\kappa \{(\alpha - 1) + \kappa\alpha(\beta_s - 1)\} - \varepsilon(\alpha\beta_s^\kappa - 1)}{(\kappa - 1)(\varepsilon - 1)} \right] \tag{2.26}$$

ここで，圧縮比 $\varepsilon = V_1/V_2$，圧力上昇比 $\alpha = p_3/p_2$，締切比 $\beta_d = V_3/V_2$，$\beta_s = V_3'/V_3$ である.

例題 2.3　式 (2.26) に示されるサバテサイクルの理論平均有効圧力を導け.

解答　理論平均有効圧力は $p_{mth} = W/V_h$，1 サイクルの仕事 W は理論熱効率を η_{th}，与えた熱エネルギーを Q_1 とすると，$W = \eta_{th}Q_1$ であるので，

$$p_{mth} = \frac{W}{V_h} = \frac{\eta_{th}Q_1}{V_1 - V_2} = \frac{Q_1}{V_1(1 - V_2/V_1)}\eta_{th} = \frac{Q_1}{V_1(1 - 1/\varepsilon)}\eta_{th} = \frac{\varepsilon Q_1}{V_1(\varepsilon - 1)}\eta_{th}$$

理論熱効率と同様に，受熱量 $Q_1 = Q_v + Q_p = mc_v(T_3 - T_2) + mc_p(T_3' - T_3)$ として，各温度に $T_2 = T_1\varepsilon^{\kappa-1}$，$T_3 = T_1\varepsilon^{\kappa-1}\alpha$，$T_3' = T_1\varepsilon^{\kappa-1}\alpha\beta_s$ を代入すると，

$$p_{mths} = \frac{\varepsilon\{mc_v(T_1\varepsilon^{\kappa-1}\alpha - T_1\varepsilon^{\kappa-1}) + mc_p(T_1\varepsilon^{\kappa-1}\alpha\beta_s - T_1\varepsilon^{\kappa-1}\alpha)\}}{V_1(\varepsilon - 1)}\eta_{ths}$$

$c_v = R/(\kappa - 1)$, $c_p = \kappa R(\kappa - 1)$ と理論熱効率を代入し整理すると,

$$p_{mths} = \frac{mRT_1\varepsilon^\kappa\{(\alpha - 1) + \kappa(\alpha\beta_s - \alpha)\}}{V_1(\varepsilon - 1)(\kappa - 1)}\left\{1 - \frac{1}{\varepsilon^{\kappa-1}}\frac{\alpha\beta_s^\kappa - 1}{(\alpha - 1) + \kappa\alpha(\beta_s - 1)}\right\}$$

$$= \frac{mRT_1\{(\alpha - 1) + \kappa\alpha(\beta_s - 1)\}}{V_1(\varepsilon - 1)(\kappa - 1)}$$

$$\quad - \frac{mRT_1\varepsilon^\kappa\{(\alpha - 1) + \kappa\alpha(\beta_s - 1)\}}{V_1(\varepsilon - 1)(\kappa - 1)}\left\{\frac{1}{\varepsilon^{\kappa-1}}\frac{\alpha\beta_s^\chi - 1}{(\alpha - 1) + \kappa\alpha(\beta_s - 1)}\right\}$$

$$= \frac{mRT_1\varepsilon^\kappa\{(\alpha - 1) + \kappa\alpha(\beta_s - 1)\}}{V_1(\varepsilon - 1)(\kappa - 1)} - \frac{mRT_1\varepsilon(\alpha\beta_s^\kappa - 1)}{V_1(\varepsilon - 1)(\kappa - 1)}$$

$$= \frac{mRT_1[\varepsilon^\kappa\{(\alpha - 1) + \kappa\alpha(\beta_s - 1)\} - \varepsilon(\alpha\beta_s^\kappa - 1)]}{V_1(\varepsilon - 1)(\kappa - 1)}$$

となる. これに理想気体の状態方程式 $p_1 = mRT_1/V_1$ を代入すると式 (2.26) が得られる. また, $\beta_s = 0$ とするとオットーサイクル, $\alpha = 0$ とするとディーゼルサイクルの理論平均有効圧力が得られる.

2.2.4 その他のサイクル

(1) アトキンソンサイクル

アトキンソンサイクルは, イギリス人のジェームズ・アトキンソン (James Atkinson) によって, オットーサイクルを基本として 1882 年に開発された容積型内燃機関のサイクルである. アトキンソンサイクルは, クランク機構に加えてリンク機構を用いて, 膨張行程と排気行程のストロークを吸気行程と圧縮行程のストロークより大きくしたエンジンである. ストロークを変え圧縮比よりも膨張比を大きくすることで排熱量を減少させ, 力学的仕事を増加させることで熱効率を向上させる. p–V 線図は**図 2.14** のようになる. しかし; クランク機構およびリンク機構が複雑となり振動が発生する

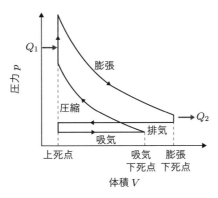

図 2.14 アトキンソンサイクル

点，また高回転運転が困難である点，摩擦が大きい点などから実用化に至らなかった．

(2) ミラーサイクル

　ミラーサイクルは 1947 年にアメリカ人のラルフ・ミラー (Ralph Miller) によって発明されたサイクルで，容積型内燃機関の吸気行程において吸気バルブが閉じる時期を下死点よりも進ませるか遅らせることで，圧縮比よりも膨張比が大きくなるサイクルである．吸気バルブを下死点後で閉じた場合，吸気行程で吸入した混合気が圧縮行程の初めにシリンダから排出され，**図 2.15** の p–V 線図に示すように圧縮比が小さくなる．吸気バルブを下死点前で閉じた場合，吸気行程が早く終了し，圧縮行程における実質的な圧縮開始が遅れるために圧縮比が小さくなる．したがって，ミラーサイクルは吸気バルブを用いたアトキンソンサイクルと考えることもできる．ただし，吸気量が減少するため出力は低下し，過給機を用いて吸気量を増加するなどの対策が必要となる．

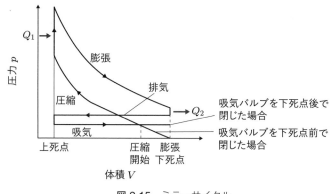

図 2.15　ミラーサイクル

(3) スターリングサイクル

　スターリングサイクルは，容積型外燃機関であるスターリング機関で用いられるサイクルである．スターリング機関は**図 2.16** に示すように膨張ピストン，圧縮ピストンおよび再生器（蓄熱式熱交換器）から構成され，理論熱効率がカルノーサイクルと同じである．膨張ピストンと圧縮ピストンは 90 deg. の位相（角度差）で取り付けられ，一方のピストンが上死点または下死点にあるとき，他方のピストンは上死点と下死点の中間点にある．

　①→②　**加熱行程**：膨張ピストンが上死点から下降し，圧縮ピストンが中間点から上昇すると，作動流体は容積一定のもとで温度の低い圧縮ピストン側から温

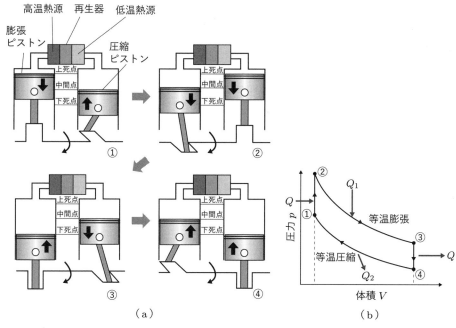

図 2.16 スターリングサイクル

度の高い膨張ピストン側へ流入し，再生器から熱エネルギー Q を受熱すること
で圧力が増加する．

②→③ **膨張行程**：膨張ピストンが中間点から，圧縮ピストンが上死点から下降
し，出力が得られる．作動流体は高温熱源から熱エネルギーを受け取り等温膨
張し，圧力は低下する．

③→④ **冷却行程**：膨張ピストンが下死点から上昇し，圧縮ピストンが中間点か
ら下降すると，作動流体は容積一定のもとで温度の高い膨張ピストン側から温
度の低い圧縮ピストン側へ流入し，再生器に熱エネルギー Q が蓄熱され，圧力
が低下する．

④→① **圧縮行程**：膨張ピストンが中間点から，圧縮ピストンが下死点から上昇
すると，低温熱源に等温排熱し，等温変化のため作動流体の体積が減少し，圧
力は増加する．

(4) ブレイトンサイクル

ブレイトンサイクルは，速度型内燃機関であるガスタービンやジェットエンジンの
サイクルである．現在までに自動車用の内燃機関としてガスタービンが実用された例
はほとんどない．これは，ガスタービンでは燃費，騒音，高回転速度，車速変化への

応答性などが問題となるためである．図 1.5 に示すように，ガスタービンは，圧縮機，燃焼器，タービンで構成される．圧縮機は空気を吸入し断熱圧縮し，燃焼器で圧縮空気に燃料を噴射し，一定圧力のもとで拡散燃焼し等圧受熱 Q_1 をする．燃焼後の既燃ガスはタービン内で断熱膨張し，タービンから排気されるときに等圧のもとで排熱 Q_2 する．p–V 線図は**図 2.17** となり，圧縮機の入口圧力 p_1 と出口圧力 p_2 の比を圧力比 ρ_r という．ブレイトンサイクルの理論熱効率 η は，次式で表される．

$$\eta = 1 - \left(\frac{1}{\rho_r}\right)^{\frac{\kappa-1}{\kappa}} \quad \left(\rho_r = \frac{p_2}{p_1} = \frac{p_3}{p_4}\right) \tag{2.27}$$

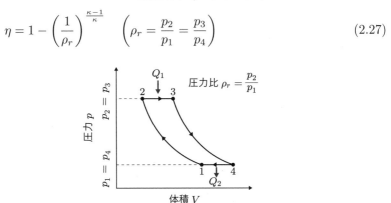

図 2.17　ブレイトンサイクル

2.3　エンジンの伝熱

　熱力学では，熱エネルギーは外部に逃げることなく熱力学第一法則に従って仕事に変換されると考えるが，実際には，熱エネルギーは伝熱によって外界に移動し熱損失となる．ここでは，内燃機関の熱損失に関連する伝熱の三形態について，基礎的な事項を解説する．

　熱エネルギーは，原子や分子の運動エネルギーとして媒体に蓄えられている．気体や液体の場合は主に並進運動エネルギー，固体の場合は振動エネルギーである．この熱エネルギーは，熱伝導，熱伝達，熱放射の三つの方法で媒体を移動する．また伝熱は，時間の経過によって変化しない定常現象と，急激な加熱のように時間とともに状態が変化する非定常現象に分けられる．たとえば，エンジンの定常運転時におけるシリンダ壁面から冷却水への伝熱などは定常現象として扱い，燃焼室内の燃焼のように温度が時間的に変化する場合の伝熱は非定常現象として扱う．

● 熱伝導

　熱伝導は，金属などの静止した媒体内部を熱が移動する現象であり，固体の内部の原子や分子の振動が伝わることで熱エネルギーが媒体内部を移動する．たとえば，燃

焼室内で発生した熱エネルギーは，熱伝導によって金属であるシリンダヘッドを伝わり，熱放射として大気へと放出される．熱伝導は**フーリエの法則**として，

$$q = -\lambda \frac{dT}{dx} \tag{2.28}$$

と表される．ここで，$\lambda\,[\mathrm{W/(m \cdot K)}]$ は熱伝導率であり，dT/dx は媒体の x 方向の温度勾配である．よって，$q\,[\mathrm{W/m^2}]$ は単位断面積の媒体を単位時間に通過した熱量となり，これを熱流束という．熱伝導率は物質に固有の値であり，エンジンによく用いられる材料の熱伝導率は，アルミニウムが $204\,\mathrm{W/(m \cdot K)}$，純鉄が $67\,\mathrm{W/(m \cdot K)}$，18-8ステンレス鋼が $16\,\mathrm{W/(m \cdot K)}$ 程度であり，アルミニウムの熱伝導率がもっとも高い．

● **熱伝達**

熱伝達は，固体と流動する流体との間の熱エネルギーの移動である．固体内では熱伝導で熱エネルギーが移動するが，流体内では流体が熱エネルギーをもって動くことで熱エネルギーが移動する．よって，流体の動きが熱伝達を決めることとなる．熱伝達は，

- **強制対流熱伝達**：流れが機械的仕事などによって強制的に生じる場合
- **自然対流熱伝達**：流れが温度差による流体の密度差（浮力）によって生じる場合

に分類され，さらに，流れが層流である場合は層流熱伝達，乱流である場合は乱流熱伝達となる．よって，熱伝達にはさまざまな形式があり，実験的に経験的に求められる．

単位面積あたりの対流熱伝達による熱流束 $q\,[\mathrm{W/m^2}]$ は，熱伝達率 $h\,[\mathrm{W/(m^2 \cdot K)}]$ と固体の壁面温度 $T_1\,[\mathrm{K}]$ と流体の温度 $T_2\,[\mathrm{K}]$ から，

$$q = h(T_2 - T_1) \tag{2.29}$$

と表される．熱伝達率 h は物性値ではなく，流れの状態，壁面の形状，流体の種類などによって変化する．よって，熱伝達では無次元数を用いて，相似則に則って一般化された関係式を立てる．エンジンに関連する代表的な無次元数は以下のとおりである．

- **ヌセルト数** Nu：固体表面での熱伝達率/流体の熱伝導率　$Nu = hL/\lambda$
　（流体の対流の影響を表す．ヌセルト数が大きいと対流の熱移動が大きい）
- **レイノルズ数** Re：流体の慣性力/流体の粘性力　$Re = wL/\nu$
　（層流・乱流を判定する．レイノルズ数が大きいと流れが層流から乱流へ遷移する）
- **プラントル数** Pr：流体の動粘度/流体の温度伝導率　$Pr = \nu/\alpha$
　（流体の運動量と温度の伝播速度の比．プラントル数が大きいと断熱的となる）

・**グラスホフ数** Gr：流体の浮力/流体の粘性力　　$Gr = g\beta\Delta\theta L^3/\nu^2$
　　（自然対流を特徴付ける．グラスホフ数が大きいと自然対流の影響が大きい）

・**ビオ数** Bi：固体表面での熱伝達率/固体の熱伝導率　　$Bi = hL/\lambda_s$
　　（熱伝導に対する固体の熱伝達の速さを表す．ビオ数が大きいと，固体内の
　　熱伝達が小さいために固体内の温度分布を考慮する必要がある）

・**ペクレ数** Pe：流体の慣性力/流体の温度伝導　　$Pe = Re \cdot Pr$
　　（対流による熱量と熱伝導の比．対流を伴う流体でペクレ数が大きいと，熱
　　移動における対流の影響が大きい）

ここで，$L\,[\mathrm{m}]$ は代表長さ，$w\,[\mathrm{m/s}]$ は流速，$\lambda\,[\mathrm{W/(m \cdot K)}]$ は熱伝導率，$h\,[\mathrm{W/(m^2 \cdot K)}]$ は熱伝達率，$\beta\,[\mathrm{1/K}]$ は体積膨張率，$\Delta\theta\,[\mathrm{K}]$ は温度差，$\nu\,(=\mu/\rho)\,[\mathrm{m^2/s}]$ は動粘度，$\mu\,[\mathrm{Pa \cdot s}]$ は粘度，$\rho\,[\mathrm{kg/m^3}]$ は密度，$\alpha\,(=\lambda/(\rho \cdot c_p))\,[\mathrm{m^2/s}]$ は温度伝導率，$\lambda_s\,[\mathrm{W/(m \cdot K)}]$ は固体の熱伝導率を表す．

● **熱放射**

熱放射は，媒介する物質がなくとも電磁波エネルギーとして熱エネルギーが伝わる現象である．たとえば，太陽の熱エネルギーは真空中を通過して地球に到達する．温度 $T\,[\mathrm{K}]$ の黒体から放射される波長 $\lambda\,[\mathrm{m}]$ の電磁波エネルギー $E_B(\lambda, T)$ は，**プランクの法則**によって，

$$E_B(\lambda, T) = \frac{C_1\lambda^{-5}}{\exp(C_2/\lambda T) - 1} \tag{2.30}$$

と表される．ここで，$C_1\,[\mathrm{W \cdot m^2}]$ と $C_2\,[\mathrm{m \cdot K}]$ は定数であり，次式のように定義される．

$$C_1 = 2\pi h c^2 = 3.741748 \times 10^{-16}$$

$$C_2 = \frac{hc}{k} = 1.438759 \times 10^{-2}$$

ここで，c は真空中の光速 $(= 299792458\,\mathrm{m/s})$，$h$ はプランク定数 $(= 6.62607015 \times 10^{-34}\,\mathrm{J \cdot s})$，$k$ はボルツマン定数 $(= 1.380649 \times 10^{-23}\,\mathrm{J/K})$ である．

式 (2.30) を全波長にわたって積分することで，温度 $T\,[\mathrm{K}]$ の黒体から放射されている熱放射エネルギー E_B が式 (2.31) により求まる．ここで，$\sigma\,[\mathrm{W/(m^2 \cdot K^4)}]$ は式 (2.32) に定義される**ステファン・ボルツマン定数**である．すなわち，放射エネルギーは温度の 4 乗に比例する．

$$E_B = \int_0^\infty E_B(\lambda, T)d\lambda = \sigma T^4 \tag{2.31}$$

$$\sigma = \frac{2\pi^5 k^4}{15c^2 h^3} = 5.670374 \times 10^{-8} \tag{2.32}$$

　エンジンでの伝熱の具体例として，燃焼室内の燃焼ガスからの伝熱を**図 2.18** に示す．燃焼室内の気体は強い乱流場を作るため，燃焼ガスから燃焼室内壁面への熱伝達は強制対流熱伝達となる．その後燃焼室壁内を熱伝導し，燃焼室外壁面からは，水冷エンジンの場合は強制対流熱伝達，空冷エンジンで冷却風が燃焼室外壁面に当たる場合は強制対流熱伝達，冷却風が壁面に当たらない場合は自然対流熱伝達となる．燃焼室内壁面の近傍では，気体の温度が急激に変化する温度境界層が存在する．実際のエンジンでは，温度境界層によって，高温の既燃ガスが直接燃焼室壁面に接することはない．しかし，ガソリンエンジンでノッキングなどの異常燃焼が起こると，衝撃波が発生し温度境界層が破壊され，燃焼室壁面への熱伝達量が急増して燃焼室壁を損傷することがある．

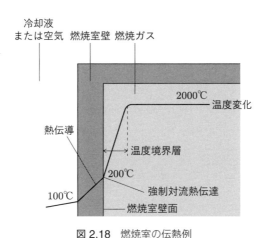

図 2.18　燃焼室の伝熱例

演習問題

2.1　圧縮開始時の温度 $T_1 = 320\,\mathrm{K}$，圧力 $p_1 = 100\,\mathrm{kPa}$，容積 $V_1 = 1.00\,\mathrm{m}^3$ の場合，作動流体の質量 m を求めよ．また，受熱量 $Q_1 = 600\,\mathrm{kJ}$ である場合，次の (1)–(3) のサイクルについて，以下の ①〜⑩ の値を求めよ．ただし，作動流体の分子量 $M = 29.0\,\mathrm{kg/kmol}$，比熱比 $\kappa = 1.40$，一般気体定数を $R_0 = 8314\,\mathrm{J/(kmol \cdot K)}$ とする．

①　圧縮終了時の圧力 p_2 　　　　　②　圧縮終了時の温度 T_2
③　受熱終了時の圧力 p_3 　　　　　④　受熱終了時の温度 T_3
⑤　膨張終了時の圧力 p_4 　　　　　⑥　膨張終了時の温度 T_4
⑦　理論熱効率 η_{th} 　　　　　　　⑧　排熱量 Q_2
⑨　有効仕事 W 　　　　　　　　　⑩　理論平均有効圧力 p_{mth}
(1) 圧縮比 $\varepsilon = 8.00$ のオットーサイクルの場合．

(2) 圧縮比 $\varepsilon = 12.0$ のオットーサイクルの場合.

(3) 圧縮比 $\varepsilon = 20.0$ のディーゼルサイクルの場合.

(4) 上で求めた各状態量をもとに，三つのサイクルの p–V 線図を重ねて描け.

2.2 オットーサイクル（等容サイクル），サバテサイクル（複合サイクル），ディーゼルサイクル（等圧サイクル）の 3 種類のサイクルにおいて，受熱量，圧縮比，最低圧力（温度）を同一とした場合の熱効率の大小関係を，T–S 線図を描き比較せよ.

2.3 オットーサイクル（等容サイクル），ディーゼルサイクル（等圧サイクル）の 2 種類のサイクルにおいて，1 サイクルの仕事量，最高圧力，最低圧力を同一とした場合の熱効率の大小関係を，T–S 線図を描き比較せよ.

2.4 オットーサイクル（等容サイクル），ディーゼルサイクル（等圧サイクル）の 2 種類のサイクルにおいて，最高温度，最高圧力，最低圧力を同一とした場合の熱効率の大小関係を，T–S 線図を描き比較せよ.

エンジン性能の測定と解析

内燃機関の根本的な役割は，燃料のもつ化学エネルギーを連続的な仕事（動力）に変換することである．動力性能を表すもっとも基本となる指標は，トルク T と出力 P である．ただし，トルクと出力だけでは，排気量が異なるエンジン間の性能を比べることができないため，平均有効圧力 p_m など，さまざまな指標が用いられる．また，環境負荷や燃料経済性を考えると，熱効率や燃料消費率などの指標も欠かせない．本章では，エンジンの性能を表すこれらの代表的な指標とその算出法を学ぶ．

3.1 エンジンの性能測定と解析

3.1.1 トルクと出力

エンジンの出力軸（クランクシャフト）での発生トルクを**軸トルク** T [N·m] とよぶ．

図 3.1 に示すように，エンジンの出力軸が毎分の回転速度 N [rpm] で回転している．このとき，中心軸からの半径 r [m] の位置で力 F [N] を発生させている場合，軸トルク T [N·m] は次のように算出される．

$$T = F \cdot r \tag{3.1}$$

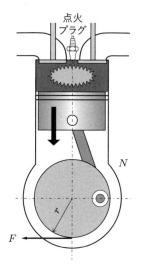

図 3.1 エンジンが発生させるトルク

　具体的には，**動力計**を用いて軸トルクが測定・算出される．動力計の原理を**図 3.2**
に示す．エンジンの出力軸に何らかの方法でブレーキをかけることを考える（図では，
単純にブレーキシューのような摩擦面で挟み込んでいる）．いま，エンジンにブレーキ
（負荷）をかけることで，ある回転速度 N でエンジンが定常運転しているとする．そ
の際，エンジンの軸トルクによって，出力軸中心から半径 r の位置で接線方向に力 F
を発生させている．このとき，動力計の腕の長さ l [m] の位置で生じる力 f [N] による
モーメント $f \cdot l$ [N·m] は，エンジンの軸トルクとつり合っている．よって，荷重 f を
測定することで，軸トルク T [N·m] が算出される．

$$T = F \cdot r = f \cdot l \tag{3.2}$$

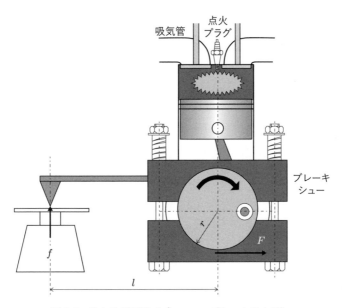

図 3.2　動力計の原理（プローニーブレーキ動力計）

　動力計のブレーキ力を調節することで，さまざまな負荷と回転速度でエンジンを運
転することができ，各条件でのトルクが算出される．また，各条件での回転数を併せ
て測定することで，後述するように軸出力が算出される．

　このように，動力計によってエンジンに負荷（ブレーキ：Brake）をかけてエンジン
の軸動力を測定するため，これらのデータから算出される軸トルク，軸出力，正味平
均有効圧力，正味熱効率などを，英語では <u>Brake</u> Torque, <u>Brake</u> Power, <u>Brake</u> Mean
Effective Pressure, <u>Brake</u> Thermal Efficiency などとよぶ．

　なお，図のように，摩擦リングでブレーキをかける動力計をプローニーブレーキ式

動力計という．このほかにも，水の攪拌抵抗でブレーキをかける水動力計，渦電流によって電磁的にブレーキをかける渦電流式電気動力計，直流モーターや交流モーターで負荷をかける電気動力計などがある．**図 3.3**に，渦電流型電気動力計の主断面図の例を示す．

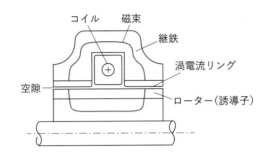

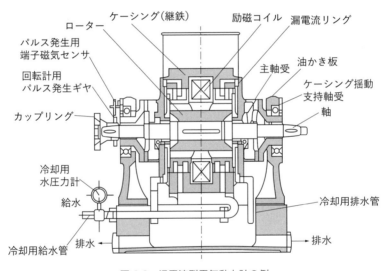

図 3.3 渦電流型電気動力計の例

出力 P [W] は，単位時間あたりの仕事である．図 3.2 で示した半径 r の出力軸が 1 回転したときの仕事 $W_{1\text{rev}}$ は，力 F と距離の積である．半径 r で 1 回転するときの距離は $2\pi r$ なので，1 回転での仕事 $W_{1\text{rev}}$ は次のように表される．

$$W_{1\text{rev}} = 力 F \times 半径 r の円周 = 2\pi r F = 2\pi T \tag{3.3}$$

つまり，トルク T の回転体が 1 回転したとき，$2\pi T$ の仕事をする．**軸出力** P [kW] を求めるには，1 秒あたりの仕事を求めればよいので，次式のように 1 秒間の回転回数 $N/60$ [rps] を $W_{1\text{rev}}$ にかければよい．

$$P = \frac{2\pi TN}{60 \times 10^3} \tag{3.4}$$

次式に示すように，軸出力 P は軸トルク T と回転速度 N の積に比例する．エンジンの高出力化を図るとは，軸トルク T を増加させるか，回転速度 N を増加させるか，あるいはその両者を増加させるかを意味する．

$$P \propto TN \tag{3.5}$$

図 3.4 に示すように，トルク T と回転速度 N で示した座標系に等出力線を描くことができる．この等出力線上に，タイプが異なるエンジンの最大出力時の性能の例をプロットしている．乗用車とトラックのように，同程度の出力で排気量が異なるエンジンを比較すると，乗用車のエンジンは主に回転速度で出力を確保し，トラックのエンジンは主にトルクで出力を確保していることがわかる．これらの物理的な意味は，後述する平均有効圧力をもとに考えるとより明確になる．

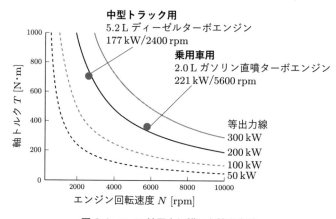

図 3.4 T–N 線図上に描いた等出力線

3.1.2 正味燃料消費率

自動車の燃費を示すとき，一般のユーザーは 1 L の燃料で走行できる距離（走行燃費）[km/L] で議論することが多い．これは，使用している自動車の燃料代に直接対応するためである．一方で，エンジン単体の燃費性能を議論する際は，異なるサイズのエンジンの燃費性能を同一の指標で比較する必要がある．たとえば，小型オートバイと大排気量乗用車を比べると，単位時間の燃料消費量は，当然大きいエンジンのほうが多い．しかし，大きいエンジンは，その分出力も大きい（単位時間あたりにより多くの仕事をする）．そこで，エンジン単体の燃費性能を表す際には，**正味燃料消費率**

(Brake Specific Fuel Consumption: **BSFC**) b_e [g/(kW·h)] が用いられる. 軸動力測定により軸出力 P [kW] を求めると同時に, 燃料の質量流量 m_f [g/h] を測定する. 正味燃料消費率は, 次式のように求められる.

$$b_e = \frac{m_f}{P} \tag{3.6}$$

BSFC の単位が g/(kW·h) であることは, このエンジンが 1 キロワット時 (1 kW·h) の仕事をするのに必要な燃料の質量を表していることを意味する. この数値が小さいほど, 少ない燃料消費で多くの仕事をすることから, 燃費のよいエンジンといえる.

3.1.3 正味熱効率

エンジンの軸出力と燃料消費量から, エンジンの正味の熱効率を算出することができる. 熱効率は, 仕事 W を投入熱量 Q_1 で割ったものである. つまり, **正味熱効率** (Brake Thermal Efficiency) は正味仕事 W_e [J] を投入熱量 Q_1 [J] で割ったものである. 1 秒あたりの仕事 (= 出力 P [kW]) と 1 秒あたりの投入熱量 $\dot{Q}_1$ [kJ/s] で考えると, 正味熱効率 η_e は次式のようになる.

$$\eta_e = \frac{W_e}{Q_1} = \frac{P}{\dot{Q}_1} = \frac{P}{m_f H_u} = \frac{3600 \times 10^3}{b_e H_u} \tag{3.7}$$

ここで, m_f [kg/s] は燃料の質量流量, H_u [kJ/kg] は燃料の低位発熱量である. 燃料の発熱量には, 高位発熱量と低位発熱量がある. 両者の違いは, 燃焼によって発生する水 (H_2O) の凝縮熱を発熱量に加えるか否かである. 高位発熱量は, 水が凝縮した際に放つ凝縮熱分も仕事に変換できる場合に用いられる. 内燃機関の条件では, シリンダ内での水は気体の状態であり, 凝縮熱は仕事への変換に関与しないため, 低位発熱量を用いる. 式 (3.7) が示すように, 正味熱効率 η_e と正味燃料消費率 b_e は逆数関係にある. 1 種類の燃料で燃費性能を議論する際には, 正味燃料消費率と正味熱効率のどちらも有効である. しかし, 異なる燃料を用いた際のエンジンの仕事への変換効率を議論する場合は, 正味燃料消費率では比較できないため, 正味熱効率を用いる.

図 3.5 に, 低位発熱量が異なる場合の正味燃料消費率と正味熱効率の関係を示す. 図 (a) に示すように, エタノールの発熱量はガソリンよりも低いため, 正味燃料消費率は高く出る. また, 図 (b) は, ガソリンの低位発熱量が 1.0 MJ/kg 異なる場合に正味熱効率に与える影響を示したものである. 正味熱効率は正味燃料消費率の実験結果から式 (3.7) を用いて算出するため, 0.1 ポイント (0.1％刻み) オーダーの熱効率の改善を検討するにあたって, 使用する燃料の低位発熱量を正確に与える必要がある.

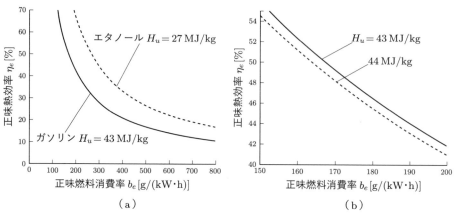

図 3.5　正味熱効率と正味燃料消費率の関係

3.1.4　平均有効圧力

図 3.6(a) に示すように，作動ガスがピストンにする仕事 W は，p–V 線図の面積に等しい．

$$W = \oint p\,dV \tag{3.8}$$

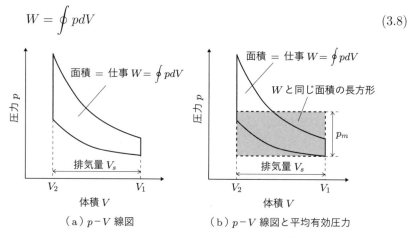

図 3.6　p–V 線図上に図示した平均有効圧力の関係

　詳しくは後述するが，ピストン上になされた仕事 W は，クランク機構によって回転仕事に変換され，エンジンの軸トルクが発生する．つまり，エンジンが発生させるトルク T は，p–V 線図の面積に比例する．よって，p–V 線図で考えると，軸トルクを増加させるには**図 3.7** に示すような方法がある．

p–V 線図から考える，軸トルクを増大させる原理
① p–V 線図を p 方向に広げる ⇒ 高燃焼圧力化（高平均有効圧力化）
② p–V 線図を V 方向に広げる ⇒ 大排気量化

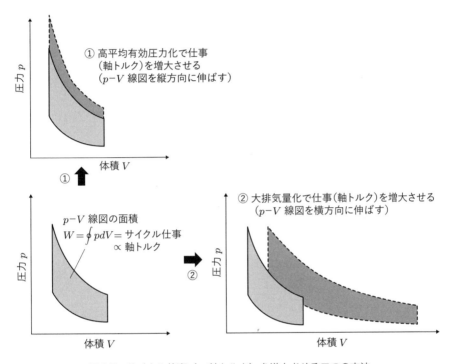

図 3.7 サイクル仕事（∝ 軸トルク）を増大させる二つの方法

　同じ圧力範囲で運転しているエンジンでも，排気量が異なれば軸トルクおよび軸出力が異なるため，異なる排気量のエンジンの性能を比較できない．そこで，サイクルの仕事 W を排気量 V_s で割ったものを平均有効圧力 (Mean Effective Pressure) p_m [Pa] と定義する（図 3.6(b)）．

　これは，図 3.6(b) に示すように，p–V 面積と同じ面積で，同じ底辺（排気量）をもつ長方形の高さに相当する．つまり，長方形の面積 $W = V_s \times p_m$ となるような p_m の値であり，単位排気量あたりに発生するサイクル仕事を表す．

　平均有効圧力が高いエンジンは，低い排気量で大きなトルクを発生させる．平均有効圧力を算出する際の仕事 W の種類に応じて，以下の (1)～(3) の 3 種類の平均有効圧力が定義される．

(1) 理論平均有効圧力 p_{mth}

オットーサイクルやディーゼルサイクルなどの理論サイクルで得られる理論仕事 W_{th} を用いて算出された平均有効圧力を，**理論平均有効圧力** (Theoretical Mean Effective Pressure) という．たとえば，オットーサイクルの理論熱効率 η_{tho} を用いると，オットーサイクルの**理論平均有効圧力** p_{mtho} は次のように表される．ここで，ε は圧縮比，κ は作動ガスの比熱比である．

$$\eta_{tho} = \frac{W_{th}}{Q_1} = 1 - \frac{1}{\varepsilon^{\kappa-1}} \tag{3.9}$$

$$p_{mtho} = \frac{W_{th}}{V_s} = \frac{Q_1 \eta_{tho}}{V_s} = \frac{Q_1 \left(1 - 1/\varepsilon^{\kappa-1}\right)}{V_s} \tag{3.10}$$

(2) 図示平均有効圧力 p_{mi}

エンジンベンチ試験でシリンダ内圧力（筒内圧）を実測することで，**図 3.8** のような実測の p–V 線図を描き，その面積である**図示仕事** (Indicated Work) W_i を求めることができる．図示仕事のもつ意味は次のとおりである．

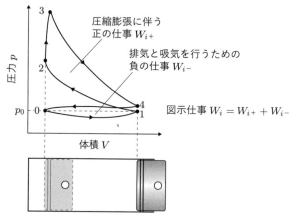

図 3.8 シリンダ内圧力測定により得られる実測の p–V 線図（自然給気 4 ストローク機関）

図示仕事 W_i：作動ガスがピストンに対して行った仕事

p–V 線図において，圧縮行程と膨張行程によって描かれる右回りの面積 W_{i+} が正の仕事である．一方で，排気行程と吸気行程によって描かれる左回りの面積 W_{i-} が負の仕事である．つまり，圧縮～膨張行程では，圧縮時にピストンが作動ガスに行う仕事よりも，膨張時に作動ガスがピストンに行う仕事のほうが大きいため，トータルでは正の仕事になる．それが p–V 線図上で W_{i+} の面積で示される．一方で，排気行

程では，燃焼室内の残圧に打ち勝ってピストンで作動ガスを押し出すため，負の仕事になる．また，自然吸気（無過給）のエンジンでは，吸気行程中のシリンダ内圧力はスロットルバルブやその他の通気抵抗によって負圧になる．そのため，吸気行程では，燃焼室内の負圧に打ち勝って吸入動作をする必要があるため，やはり負の仕事になる．それが，p–V 線図上で W_{i-} に示す面積で表される．W_{i-} は，ポンピング仕事（吸排気仕事）とよばれる．なお，過給機関において，吸気行程のシリンダ内圧力が排気行程のシリンダ内圧力よりも大きい場合には，排気〜吸気行程の p–V 線図は右回りになり，W_{i-} の値も正になる．つまり，高い吸気圧によってポンプ仕事が正になり，軸トルクを増加させる．結果的に，1 サイクルでの図示仕事 W_i は次のように算出される．

$$W_i = W_{i+} + W_{i-} \tag{3.11}$$

平均有効圧力の定義（サイクルの仕事を排気量で割る）に従って図示仕事 W_i を排気量 V_s で割ることで，**図示平均有効圧力** p_{mi} (Indicated Mean Effective Pressure: IMEP) [Pa] が算出される．

$$p_{mi} = \frac{W_i}{V_s} = \frac{W_{i+} + W_{i-}}{V_s} = \frac{\oint p\,dV}{V_s} \tag{3.12}$$

4 ストロークエンジンにおいて，単に p_{mi} といった場合，式 (3.12) で示した 4 行程全体の図示仕事 W_i で算出した p_{mi} を指す．これは，圧縮膨張行程の正の仕事と，排気吸気行程の負の仕事（過給エンジンなど，正になる場合もある）を総合した結果である．たとえば，圧縮膨張行程の仕事 W_{i+} が同じであったとしても，排気吸気行程の仕事 W_{i-} が異なれば p_{mi} が異なる．そこで，圧縮膨張行程の仕事 W_{i+} のみを用いて図示平均有効圧力を出して，ポンプ仕事を除いた圧縮膨張行程のみの図示平均有効圧力を求める場合がある．これらを区別するために，圧縮膨張行程のみで求めた図示平均有効圧力を，グロスの図示平均有効圧力 p_{mig} (IMEP*g*) [Pa] などとよぶことがある．

$$p_{mig} = \frac{W_{i+}}{V_s} \tag{3.13}$$

(3) 正味平均有効圧力 p_{me}

エンジンベンチ試験により動力計測を行うことで，平均有効圧力を求めることができる．これは，エンジンの出力軸で発生するトルクをもとに平均有効圧力を逆算しているものであり，**正味平均有効圧力** (Brake Mean Effective Pressure: BMEP) とよぶ．

いま，排気量 V_s [m³] のエンジンがトルク T を発生させているとき，クランク軸 1 回転での仕事 $W_{1\mathrm{rev}}$ [J] は，式 (3.3) で示したように

$$W_{1\mathrm{rev}} = 2\pi T \tag{3.14}$$

である．1 サイクルでの回転数を i とすれば，4 ストロークエンジンは 2 回転で 1 サイクルを行うため $i = 2$，2 ストロークエンジンは 1 回転で 1 サイクルを行うため $i = 1$ である．よって，1 サイクルあたりの**正味仕事** W_e [J] および正味平均有効圧力 p_{me} は次のように算出される．

$$W_e = 2\pi T i \tag{3.15}$$

$$p_{me} = \frac{W_e}{V_s} = 2\pi \frac{T}{V_s} i \tag{3.16}$$

式 (3.16) に軸出力の算出式 (3.4) を代入して T を消去すると，p_{me} は次のように表せる．

$$p_{me} = 60 \times 10^3 \times \frac{Pi}{V_s N} \tag{3.17}$$

式 (3.16)，式 (3.17) において，T に [N·m]，P に [kW]，V_s に [L] の数値を入れると，p_{me} は [kPa] で算出される．

　式 (3.16) は軸トルクと排気量から正味平均有効圧力を算出する式で，式 (3.17) は出力と排気量と回転速度から正味平均有効圧力を算出する式である．通常，最大トルクおよび最大出力とそのときの回転速度は，エンジンの仕様表やカタログに載っている．よって，それらの仕様から，そのエンジンの最大トルク時および最高出力時の正味平均有効圧力を知ることができる．

　式 (3.16) から，軸トルクは正味平均有効圧力と排気量に比例することがわかる．

$$T \propto p_{me} V_s \tag{3.18}$$

また，式 (3.5) から，軸出力 P はトルクと回転速度の積に比例するから，出力は次のように表される．

$$P \propto TN \propto p_{me} V_s N \tag{3.19}$$

つまり，出力を向上させるための基本は，**図 3.9** に示すように，次の三つの数値 p_{me}，V_s，N を高くすることである．

● **正味平均有効圧力 p_{me} の向上**（図 3.9①）

　p_{me} を増加させるには，平均的に高い燃焼室内圧力で運転することが重要である．つまり，高い投入熱量で運転する必要があるため，それを完全燃焼できるだけの空気が必要になる．つまり，結局は高い充填効率を実現することが重要である．たとえば，過給を行うエンジンでは，充填効率を大幅に高めることで，正味平均有効圧力が増加する．結果として，軸トルクが増加することで高出力化が実現される．

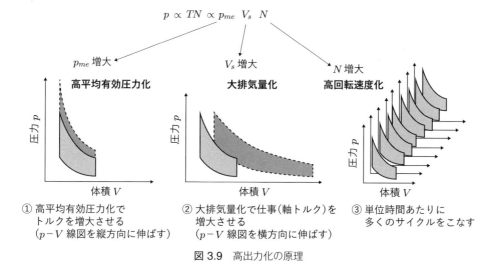

図 3.9　高出力化の原理

● 排気量 V_s の向上（図 3.9②）

平均有効圧力が同じ場合でも，排気量 V_s を大きくすれば p–V 線図の面積が増大するため，トルクが増大し，高出力化が図れる．大排気量化によって，低い燃焼室内圧力，低い回転速度において出力を確保することが可能である．ただし，排気量増加によるエンジンサイズの大型化および重量増加，税金区分などの関係から，自動車などの輸送用機械のエンジンとしては大排気量化には限界がある．

● 回転速度 N の向上（図 3.9③）

図 3.4 に示したとおり，回転速度 N を増大させれば，同一燃焼室内圧力，同一排気量下においても出力の向上を図ることが可能である．ただし，高回転化により機械摩擦損失（機械抵抗による損失，フリクションロスともよぶ）の増大，充填効率の低下，振動騒音の増大が起こるため，それらを勘案したうえで適正な回転速度で運転する必要がある．

3.1.5　燃料と空気の混合比率の表し方

(1) 空燃比・当量比・空気過剰率の求め方

2.2 節で述べたように，シリンダ内に供給される燃料の質量を F [kg]，空気の質量を A [kg] としたとき，空気と燃料の質量比を**空燃比** A/F とよぶ．通常は，質量流量を測定していることが多いため，燃料と空気の質量流量 m_f [kg/s] と m_a [kg/s] の比として算出すればよい．

$$A/F = \frac{m_a}{m_f} \tag{3.20}$$

また，燃料と酸素が過不足なく反応して完全燃焼する空燃比を理論空燃比 $(A/F)_\mathrm{st}$ とよぶ．炭化水素燃料 C_nH_m であれば，燃料を構成する炭素 C と水素 H を完全燃焼させてすべて CO_2 と H_2O にするのに必要な最少空気量の状態が理論空燃比 (Stoichiometric Air-fuel Ratio) である．ガソリンの理論空燃比は約 15 である．つまり，ガソリン 1 kg を完全燃焼させるには，約 15 kg の空気が必要になる．

理論空燃比は，燃料を構成する C, H, O などの割合で変わるため，その燃料の理論空燃比を基準にして正規化した数値として**当量比** (Equivalence Ratio) ϕ や**空気過剰率** (Excess Air Ratio) λ が用いられることも多い．

$$当量比 \ \phi = \frac{理論空燃比}{実際の空燃比} = \frac{(A/F)_\mathrm{st}}{A/F} \tag{3.21}$$

$$空気過剰率 \ \lambda = \frac{実際の空燃比}{理論空燃比} = \frac{A/F}{(A/F)_\mathrm{st}} \tag{3.22}$$

つまり，当量比と空気過剰率は逆数関係にある．

$$\phi = \frac{1}{\lambda} \tag{3.23}$$

A/F が理論空燃比よりも大きいときは，必要以上の空気が存在するため，相対的に燃料が薄いという意味で，**希薄**状態（**リーン**）という．逆に，A/F が理論空燃比よりも小さい場合，空気が不足していて燃料が濃い状態のため，**過濃**状態（**リッチ**）という．

当量比 ϕ または空気過剰率 λ を用いると，各条件での空燃比が「理論空燃比なのか？」「リーンなのか？」「リッチなのか？」「どの程度リーンなのか？」などが一目瞭然になる（**表 3.1**）．

表 3.1 当量比，空気過剰率と空燃比の関係

希薄（リーン）	理論空燃比（ストイキ）	過濃（リッチ）
$\phi < 1$	$\phi = 1$	$\phi > 1$
$\lambda > 1$	$\lambda = 1$	$\lambda < 1$

たとえば，「エタノールを燃料に用いて空燃比 10 で運転している」といわれたとき，エタノールの理論空燃比を知らない場合，それがリーンなのか，リッチなのか，理論空燃比なのかの判断ができない．しかし，当量比 ϕ または空気過剰率 λ を用いると，それらの値だけからさまざまな燃料の空燃比の状態を判断したり，それらを比較したりすることが可能になる．

(2) 理論空燃比の求め方

燃料の化学式がわかれば，空燃比の定義に従って，次の ①，② のように**理論空燃比**を求めることができる．

① 燃焼用空気の組成

空気は，窒素，酸素その他の微量成分の混合物である．加えて，空気中に含まれる水分は，気象条件などに応じて変化している．

燃焼に必要な理論空気量を考えるうえで，空気の組成は**表3.2**に示すように考える．まず，水分を含まない乾燥空気として考える．また，アルゴン，二酸化炭素，水素などの割合はわずかであるため，それらをすべて窒素に置き換えることで，酸素濃度が21%，残りの79%が窒素と考えることができる．よって，酸素と窒素のモル比は次のようになる．

$$酸素：窒素 = 21：79 = 1：\frac{79}{21} \tag{3.24}$$

つまり，空気を 1 mol 吸入すると，その中には 0.21 mol の酸素と 0.79 mol の窒素が含まれる．言い方を変えれば，酸素 1 mol を吸入する場合，同時に $79/21 \fallingdotseq 3.76$ mol の窒素も吸入されることになる．

表 3.2　燃焼用乾燥空気の組成

成　分	体積割合 （＝ モル数割合）	燃焼用乾燥空気 としての近似
酸素 O_2	20.99 vol%	21 vol%
窒素 N_2	78.03 vol%	79 vol%
アルゴン Ar	0.94 vol%	−
二酸化炭素 CO_2	0.03 vol%	−
水素 H_2	0.01 vol%	−

② 炭化水素の化学反応式

炭化水素は C_nH_m の燃料であるが，エタノールなど，分子内に酸素を含有する含酸素燃料が用いられる場合もあるため，ここでは酸素を含む燃料として $C_nH_mO_l$ の理論空燃比を求める．燃料に含まれる炭素 C，水素 H，酸素 O は，次のように空気中の酸素とのやりとりを行う．

炭素 C は CO_2 になる　　➡　　C_n あたり，nO_2 が必要

水素 H は H_2O になる　　➡　　H_m あたり，$\dfrac{m}{2}O = \dfrac{m}{4}O_2$ が必要

酸素 O は燃焼に利用される　➡　　O_l あたり，$\dfrac{l}{2}O_2$ が不要になる

よって，化学反応式は次のようになる．

$$\mathrm{C}_n\mathrm{H}_m\mathrm{O}_l + \left(n + \frac{m}{4} - \frac{l}{2}\right)\mathrm{O}_2 + \frac{79}{21}\left(n + \frac{m}{4} - \frac{l}{2}\right)\mathrm{N}_2$$

$$= n\mathrm{CO}_2 + \frac{m}{2}\mathrm{H}_2\mathrm{O} + \frac{79}{21}\left(n + \frac{m}{4} - \frac{l}{2}\right)\mathrm{N}_2 \qquad (3.25)$$

以上のように，酸素に対して 79/21（約 3.76）倍の窒素が同時に供給される．式 (3.25) は，燃料 1 mol（または 1 kmol）における量論式（理論空燃比となる化学反応式）を表しているので，任意の燃料について式 (3.25) で反応式を立てて，燃料，酸素，窒素のモル数から質量を求め，式 (3.20) の定義に基づいて理論空燃比が算出される．

例題 3.1　ヘキサン ($\mathrm{C}_6\mathrm{H}_{14}$) の理論空燃比 $(A/F)_{\mathrm{st}}$ を求めよ．

解答　ヘキサンの化学式は $\mathrm{C}_6\mathrm{H}_{14}$ であり，$\mathrm{C}_n\mathrm{H}_m\mathrm{O}_l$ において，$n = 6$, $m = 14$, $l = 0$ としたときに相当する．これを式 (3.25) に当てはめると次のようになる．

$$\mathrm{C}_6\mathrm{H}_{14} + \left(6 + \frac{14}{4} - \frac{0}{2}\right)\mathrm{O}_2 + \frac{79}{21}\left(6 + \frac{14}{4} - \frac{0}{2}\right)\mathrm{N}_2$$

$$= 6\mathrm{CO}_2 + \frac{14}{2}\mathrm{H}_2\mathrm{O} + \frac{79}{21}\left(6 + \frac{14}{4} - \frac{0}{2}\right)\mathrm{N}_2$$

$$\therefore \mathrm{C}_6\mathrm{H}_{14} + 9.5\mathrm{O}_2 + 35.74\mathrm{N}_2 = 6\mathrm{CO}_2 + 7\mathrm{H}_2\mathrm{O} + 35.74\mathrm{N}_2$$

燃料の質量 $m_f = 1$ mol の $\mathrm{C}_6\mathrm{H}_{14}$ の質量

空気の質量 $m_a = 9.5$ mol の O_2 の質量 $+ 35.74$ mol の N_2 の質量

原子量は C = 12, H = 1, O = 16, N = 14 なので，分子量を M [g/mol] とすれば，燃量と空気の質量 m_f, m_a と $(A/F)_{\mathrm{st}}$ は，次のようになる．

$$m_f = 1 \times M_{\mathrm{C}_6\mathrm{H}_{14}} = 1 \times (12 \times 6 + 1 \times 14) = 86 \,\mathrm{g}$$

$$m_a = 9.5 \times M_{\mathrm{O}_2} + 35.74 \times M_{\mathrm{N}_2} = 9.5 \times 16 \times 2 + 35.74 \times 14 \times 2 = 1305 \,\mathrm{g}$$

$$\therefore (A/F)_{\mathrm{st}} = \frac{m_a}{m_f} = \frac{1305}{86} = 15.2$$

3.1.6　体積効率と充填効率

排気量が一定の条件で高いトルクを出すためには，平均有効圧力を高める必要がある．そのためには，多くの混合気を吸入して燃焼室内で高い発熱を得る必要がある．1 サイクルでより多くの燃料を燃焼させるためには，それに見合った酸素が必要になる．つまり，必要な空気を吸入できるかどうかが重要である．その特性を表すために，体積効率と充填効率が用いられる．

● **体積効率** η_V

1サイクルでシリンダ内に吸入された質量 m_a [kg] の新気が，その時の大気条件（大気圧 p，温度 T）で占める体積を V_a [m³] としたとき，V_a と排気量 V_s との比を**体積効率** (Volumetric Efficiency) η_V とよぶ．言い方を変えると，1サイクルでの吸気量 m_a [kg] を，そのときの大気条件で排気量 V_s を占める新気の質量 m_s [kg] で割ったものである．

$$\eta_V = \frac{V_a}{V_s} = \frac{m_a}{m_s} \tag{3.26}$$

体積効率を使って，1サイクルあたりの新気の吸い込み能力を示すことができる．

● **充填効率** η_c

実際に吸入される新気の質量は，大気の条件に依存して変化する．たとえば，大気圧が低く気温が高い条件では，空気は膨張している（密度が低い）ため，吸入できる新気量が減り，軸トルクが低下する．

しかし，体積効率はそのときの大気条件を基準にするため，大気条件が変わったことで吸入空気量が変化した場合に体積効率を比較しても，その数値は変化しない．

そこで，吸入される新気の絶対量を表す指標として，**充填効率** (Charging Efficiency) η_c が用いられる．

$$\eta_c = \frac{m_a}{m_0} \tag{3.27}$$

ここで，m_0 [kg] は標準状態（25℃，乾燥大気圧力 99 kPa）で排気量 V_s を占める新

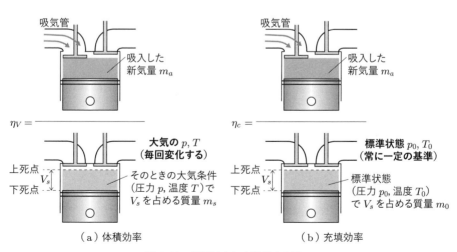

（a）体積効率　　　　　　　　　　（b）充填効率

図3.10　体積効率と充填効率の違い

気の質量である.

　図 3.10 に，体積効率と充填効率の定義を模式的に示す. たとえば，気温が上がると吸入できる空気量は減るが，体積効率は変化せず，充填効率は低下することになる. エンジンの吸気系を改良した結果，吸入空気量が増えた場合，体積効率も充填効率も向上する. このように，大気条件変化の影響を受けない体積効率と，影響が反映される充填効率を適宜使い分けることで，エンジンの吸い込み性能を適正に評価することが可能になる.

3.2　シリンダ内圧力測定

　エンジンのシリンダ内圧力を測定して圧力 – クランク角 (p–θ) 線図や圧力 – 容積 (p–V) 線図を描き，燃焼状態などを解析することで，エンジンの燃焼や性能に関するさまざまな情報が得られる. ここでは，p–V 線図などのシリンダ内圧力解析で得られる情報を説明する.

3.2.1　指圧線図と p–V 線図

　図 3.11 に示すように，燃焼室内に圧力センサを挿入し，クランク軸などに角度センサなどを設けて同期測定することで，シリンダ内圧力の履歴を測定することができる. 横軸にクランク角度 θ [deg.]，縦軸に燃焼室内圧力 p [MPa] をとれば，燃焼室内圧力線図（**指圧線図**）を描くことができる. この線図をもとに，燃焼圧力のピーク時期，ピーク値，燃焼タイミング，サイクルごとの燃焼圧力の変動，ノッキングなどの異常燃焼の発生状況など，さまざまな情報を得ることができる.

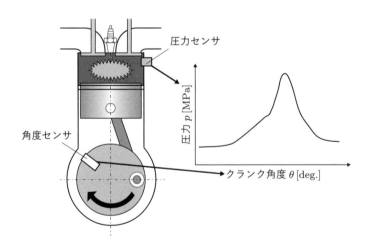

図 3.11　シリンダ内圧力測定

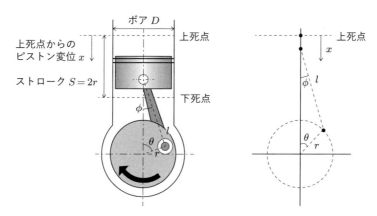

図 3.12 ピストン–クランク機構

図 3.12 に示すように,クランク機構の幾何学的な関係から,クランク角度 θ [deg.],コネクティングロッド角度 ϕ [deg.],上死点からのピストンやピストンピン中心の変位 x [mm],コネクティングロッド長さ l [mm],クランク半径 r [mm] に次の関係が成立する.

$$x = r + l - (r\cos\theta + l\cos\phi)$$

$$r\sin\theta = l\sin\phi$$

$$\sin^2\theta + \cos^2\theta = 1 \ \text{より} \ \ \cos\theta = \sqrt{1 - \sin^2\theta}$$

これらの式から $\sin\phi$ を消去すると,x は次式のように表せる.

$$x = r\left(1 - \cos\theta\right) + \lambda r\left(1 - \sqrt{1 - \frac{\sin^2\theta}{\lambda^2}}\right) \tag{3.28}$$

ここで,$\lambda = l/r$ で,連桿比とよぶ.二項定理を用いて式 (3.28) の右辺第二項の平方根を展開し,第二項までをとって近似し,さらに 2 倍角の公式 $\cos 2\theta = 1 - 2\sin^2\theta$ を適用すれば,x は次の近似式で表せる.

$$\sqrt{1 - \frac{\sin^2\theta}{\lambda^2}} \approx 1 - \frac{\sin^2\theta}{2\lambda^2} = 1 - \frac{1 - \cos 2\theta}{4\lambda^2}$$

$$\therefore x \approx r\left\{\left(1 - \cos\theta\right) + \frac{1}{4\lambda}\left(1 - \cos 2\theta\right)\right\} \tag{3.29}$$

ピストンの変位 x がわかれば,円筒形シリンダ内の容積 V [mm^3] の変化も次式で求められる.

$$V = V_c + \frac{\pi}{4}D^2 x \tag{3.30}$$

ここで，$D\,[\mathrm{mm}]$ はボア，$V_c\,[\mathrm{mm}^3]$ はすきま容積である．図 3.13 に示すように，式 (3.30) で求めた容積 V を横軸にとり，シリンダ内圧力 p を縦軸にとれば，実測の p–V 線図が得られる．

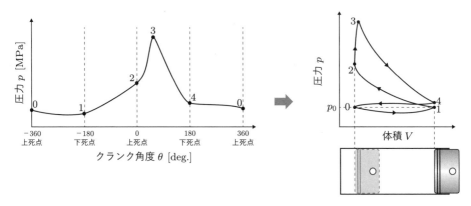

図 3.13 指圧線図と p–V 線図

なお，式 (3.29) を時間 t で一次微分すればピストン速度 S_p，二次微分すれば加速度 α_p がそれぞれ求まる．

$$S_p = \frac{dx}{dt} = \frac{dx}{d\theta} \cdot \frac{d\theta}{dt} = \omega\frac{dx}{d\theta} = r\omega\left(\sin\theta + \frac{1}{2\lambda}\sin 2\theta\right) \tag{3.31}$$

$$\alpha_p = \frac{dS_p}{dt} = \frac{dS_p}{d\theta} \cdot \frac{d\theta}{dt} = \omega^2\frac{dS_p}{d\theta} = r\omega^2\left(\cos\theta + \frac{1}{\lambda}\cos 2\theta\right) \tag{3.32}$$

3.3 軸動力とシリンダ内圧力による性能解析

3.1 節で学んだ軸動力測定と 3.2 節で学んだシリンダ内圧力測定結果の双方を用いることで，エンジンの機械摩擦損失がどのくらいあるのかがわかる．その他，シリンダ内圧力波形を分析することで，第 5 章で説明するエンジンの各種損失がどこでどの程度生じるのかが明らかになる．

3.3.1 図示と正味の違い

図 3.8 に示したように，シリンダ内圧力測定の結果から導き出した仕事（p–V 線図の面積）を図示仕事 W_i とよぶ．これは，燃焼室内に吸入された作動ガスがピストンに対して行う仕事である．W_i をもとに算出された平均有効圧力，燃料消費率，熱効率な

どをそれぞれ頭に「図示」を付けて図示平均有効圧力 p_{mi}, **図示燃料消費率** (Indicated Spscific Fuel Consumption: ISFC) b_i, **図示熱効率** (Indicated Thermal Efficiency: ITE) η_i などとよぶ.

ピストンになされた図示仕事 W_i は，クランク機構で正味仕事 $W_e = 2\pi Ti$ に変換される．しかし，図示仕事がすべて正味仕事になるわけではない．エンジンの各部位の摩擦，補器類の駆動仕事など，エンジンを運転する際に生じる機械的な損失仕事 W_f が図示仕事から差し引かれ，正味仕事になる（図 3.14）．

$$W_e = W_i - W_f \tag{3.33}$$

たとえば，正味平均有効圧力は，機械摩擦損失がある分だけ必ず図示平均有効圧力よりも低くなる．つまり，正味と図示を比べることで，エンジンの機械的な損失がどの程度あるのかがわかる．

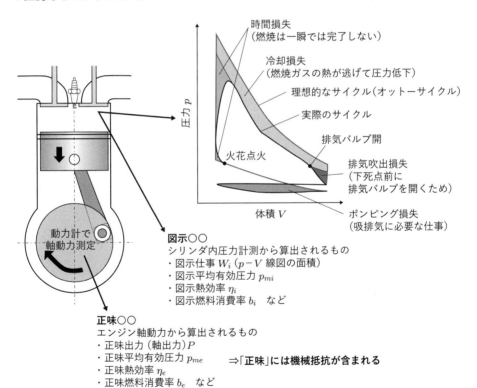

図 3.14 図示と正味の違い

● **摩擦平均有効圧力** p_{mf}

式 (3.33) を排気量 V_s で割って平均有効圧力を求めると，次のようになる.

$$\frac{W_e}{V_s} = \frac{W_i - W_f}{V_s} \tag{3.34}$$

ここで，$p_{me} = W_e/V_s$，$p_{mi} = W_i/V_s$ であることと同様に，

$$p_{mf} = \frac{W_f}{V_s} \tag{3.35}$$

を定義できる．この p_{mf} を**摩擦平均有効圧力**とよび，機械的な損失仕事 W_f を平均有効圧力で表示したものとして利用する．つまり，以下の関係がある．

$$p_{me} = p_{mi} - p_{mf} \tag{3.36}$$

正味平均有効圧力と図示平均有効圧力を求め，その比をとったものを**機械効率** η_m とよぶ．

$$\eta_m = \frac{W_e}{W_i} = \frac{p_{me}}{p_{mi}} = \frac{\eta_e}{\eta_i} \tag{3.37}$$

このように，エンジンの軸動力測定とシリンダ内圧力測定の両方を実施することで，エンジンの機械摩擦損失の情報が得られる．エンジンの性能を測定した結果，正味熱効率が想定よりも低いとき，その原因を明らかにして改良を施す必要があるが，その際，機械効率 η_m を出せば大まかに何が悪いのかを診断できる．たとえば，機械効率は十分に高い状態（機械摩擦損失が少なく良好）だったとすると，正味熱効率が低い要因はエンジンの機構的な問題ではなく，シリンダ内で起こる現象（図示仕事）が原因であると判断できる．

さらに，p–V 線図を詳しく見たり，排ガス成分分析などを行ったりすれば，どのような損失が大きいかを効率的に特定することができる．

3.3.2　理論と図示の違い

図 3.14 の p–V 線図に模式的に示したように，実際のエンジンの燃焼室内では，さまざまな損失が生じた結果，実測の p–V 線図の面積（= 図示仕事 W_i）が，理論サイクル（オットーサイクルなど）で予想される面積よりも小さくなる．図示と正味の違いが機械摩擦損失を表していたように，理論と図示の違いは「実際の燃焼室内で行われた動作サイクルが，どの程度理論サイクルに近づけたか」を表している．そこで，次式のように，図示仕事 W_i と理論仕事 W_{th} の比をとって，**線図係数** η_g と定義する．

$$\eta_g = \frac{W_i}{W_{th}} = \frac{p_{mi}}{p_{mth}} = \frac{\eta_i}{\eta_{th}} \tag{3.38}$$

たとえば，新しい燃焼技術を適用した新開発のエンジンを設計し，試作機ができあがったのち，そのエンジンの性能を測定したところ，正味熱効率が想定よりも低かったとする．そのとき，「何が原因なのか」を詳細に把握しなければならない．そこで，線図係数と機械効率を求めて分析することで，次の**図 3.15** のように課題を絞り込むことが可能である．

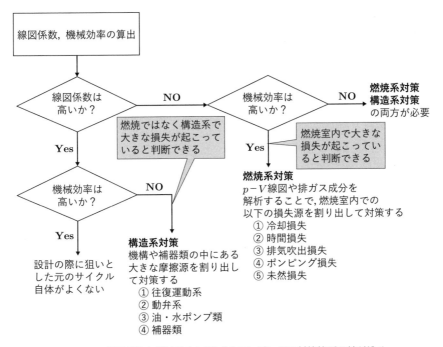

図 3.15 線図係数と機械効率に基づくエンジンの要対策箇所の絞り込み

3.3.3 熱発生率解析

図 3.16 に示すように，燃焼室内で燃焼による発熱 dQ が起こると，理想気体の状態方程式に従って作動気体の温度 T と圧力 p が上昇する．その際，ガスが膨張してピストンに仕事をすると，$dW = pdV$ だけ外部への仕事としてエネルギーが燃焼室外に移るので，それらは圧力 p と温度 T を低下させる方向に作用する．つまり，これらの一連のプロセスにおけるエネルギーのやりとりは，熱力学第一法則に従う．

いま，燃焼室内で dQ の発熱が起こり，シリンダ内容積が dV だけ膨張した結果，クランク角度が $d\theta$ 回転したとする．圧力を p，温度を T とすると，絶対仕事は $dW = pdV$ である．このとき，熱力学第一法則によって以下の関係が成り立つ．

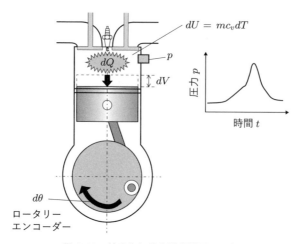

図 3.16　熱発生と熱力学状態量の関係

$$dQ = dU + dW \tag{3.39}$$

ここで，dQ [J] は熱発生量（発熱が正，冷却が負とする），dU [J] は内部エネルギー（増加が正，減少が負），dW [J] は絶対仕事（膨張が正，圧縮が負）である．

　作動ガスは理想気体とみなせるので，内部エネルギー dU は温度のみの関数として以下のように表すことができる．

$$dU = mc_v dT \tag{3.40}$$

また，絶対仕事 dW，等容比熱 c_v はそれぞれ次のように表せる．

$$dW = pdV \tag{3.41}$$

$$c_v = \frac{R}{\kappa - 1} \tag{3.42}$$

よって，熱力学第一法則は次のようになる．

$$dQ = dU + dW = mc_v dT + pdV = \frac{mRdT}{\kappa - 1} + pdV \tag{3.43}$$

ここで，理想気体の状態方程式 $pV = mRT$ を温度で微分すると，次のようになる．

$$pdV + Vdp = mRdT \tag{3.44}$$

式 (3.43) に式 (3.44) を代入すると，次式のようになる．

$$dQ = \frac{pdV + Vdp}{\kappa - 1} + pdV = \frac{1}{\kappa - 1}(Vdp + \kappa pdV) \tag{3.45}$$

よって，単位クランク角度 [deg.] あたりの**熱発生率** $dQ/d\theta$ [J/deg.] は，以下のよう

に表される.

$$\frac{dQ}{d\theta} = \frac{1}{\kappa - 1}\left(V\frac{dp}{d\theta} + \kappa p\frac{dV}{d\theta}\right) - \frac{pV}{(\kappa - 1)^2}\frac{d\kappa}{d\theta} \tag{3.46}$$

ここで，一般に比熱比 κ の変化率は小さいため，$d\kappa/d\theta$ をゼロとみなすと，式 (3.46)
は次式のように簡略化される.

$$\frac{dQ}{d\theta} = \frac{1}{\kappa - 1}\left(V\frac{dp}{d\theta} + \kappa p\frac{dV}{d\theta}\right) \tag{3.47}$$

これらの式は，測定したシリンダ内圧力 p とそのときのクランク角度（シリンダ内
容積 V）から考えると，燃焼室でどれだけの発熱（冷却の場合は負になる）が起こっ
ているかを熱力学第一法則に基づいて算出するものである．熱発生率は単位クランク
角度あたりの熱発生量であるため，燃焼室内の平均的な発熱速度を表している．よっ
て，燃焼による発熱の速さを知ることができる.

なお，発生した熱が外部に逃げない断熱壁だと仮定した場合に比べて，実際の燃焼
室内圧力は冷却損失のため低くなる．その場合，熱発生率も低く算出される．よって，
これを「見かけの熱発生」とよぶこともある．このことを利用すれば，見かけの熱発
生から冷却損失の度合いを推定することが可能である．その他，熱発生がどの程度上
死点に近い位置で行われているかを解析することで，等容度（発熱等容度）を算出す
るなど，燃焼室内での燃焼状態に関するさまざまな情報を得ることができる.

演習問題

3.1 表 3.3 のエンジン性能測定結果の空欄を埋めて，図 3.17 に性能曲線を描け.

表 3.3

動力計の腕の長さ $l = 500\,[\mathrm{mm}]$，エンジン仕様：4 ストローク機関，総排気量 $V_s = 2.5\,[\mathrm{L}]$，圧縮比
$\varepsilon = 11$，燃料：低位発熱量 $H_u = 44\,[\mathrm{MJ/kg}]$ のガソリン

回転速度 N [rpm]	動力計荷重 f [N]	軸トルク T [N·m]	軸出力 P [kW]	吸入空気量 m_a [g/min]	燃料流量 m_f [g/min]	空燃比 A/F	正味平均有効圧力 p_{me} [kPa]	図示平均有効圧力 p_{mi} [kPa]	正味燃料消費率 b_e [(g/kW·h)]	正味熱効率 η_e [%]	機械効率 η_m [%]
1000	400			1400		14.5		1080			
2000	450			2800		14.5		1242			
3000	490			4200		14.5		1399			
4000	460			5600		14.5		1359			
5000	420			7000		14.5		1256			
6000	330			8400		14.5		1049			

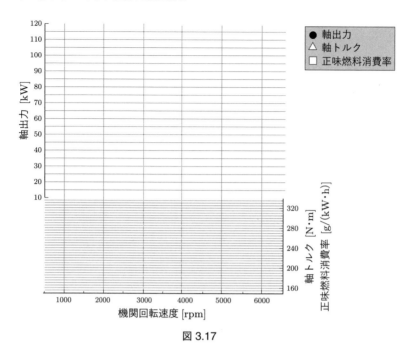

図 3.17

3.2 正味平均有効圧力を変化させることなく軸トルクを増大させる方法を述べよ.

3.3 正味平均有効圧力および排気量を変化させることなく軸出力を増大させる方法を述べよ.

3.4 体積効率と充填効率の違いを説明せよ.

3.5 図示平均有効圧力，正味平均有効圧力，摩擦平均有効圧力の関係を説明せよ．また，これらの指標を用いて機械効率を表せ.

3.6 吸入空気流量 100 g/s の 4 ストローク，3 気筒エンジンが，エタノール C_2H_5OH を燃料として当量比 0.90，回転速度 3000 rpm で運転している．次の数値を求めよ.
　(1) エタノールの理論空燃比
　(2) 運転中の空燃比
　(3) 燃料の質量流量 [g/s]
　(4) 1 サイクルあたりに 1 気筒の燃焼室内に供給されるエタノールの質量

エンジンの高出力化

第 3 章で，出力 P は正味平均有効圧力 p_{me} と排気量 V_s と回転速度 N の積に比例することを学んだ．本章では，エンジン高出力化のための基本的な方法を，原理的な観点から理解する．

4.1 高出力化の原理

第 3 章にて，出力 P は次の因子に支配されることを学んだ．

$$P \propto TN \propto p_{me}V_sN$$

つまり，表 4.1 に示すように，正味平均有効圧力 p_{me} と排気量 V_s と回転速度 N の 3 つを増大させることで出力を向上させることができる．

表 4.1 出力の向上方法

①	トルク T を増大させる	正味平均有効圧力 p_{me} を増大させる
②		排気量 V_s を増大させる（大排気量化）
③	回転速度 N を増大させる	回転速度 N を増大させる（高回転化）

次に，投入熱量の観点から出力を考える．1 サイクルでの正味仕事を W_e，1 サイクルあたりの投入熱量を Q_1 とする．1 秒あたりの正味仕事は軸出力 P である．1 秒あたりの投入熱量を $\dot{Q}_1\,[\mathrm{J/s}]$ とすると，正味熱効率 η_e の定義は式 (4.1) で表される．

$$\eta_e = \frac{W_e}{Q_1} = \frac{P}{\dot{Q}_1} \tag{4.1}$$

燃料の質量流量 $m_f\,[\mathrm{kg/s}]$ に燃料の低位発熱量 $H_u\,[\mathrm{J/kg}]$ をかけたものが $\dot{Q}_1\,[\mathrm{J/s}]$ であるので，出力 P は次のように表される．

$$P = \dot{Q}_1\eta_e = m_fH_u\eta_e \tag{4.2}$$

ここで，吸入空気の質量流量 m_a を用いると，空燃比 $A/F = m_a/m_f$ なので，式 (4.2) は次式のようになる．

$$P = m_fH_u\eta_e = \frac{m_aH_u\eta_e}{A/F} \tag{4.3}$$

A/F が理論空燃比（ガソリンの場合約 15）以下では空気が不足し燃料の一部が酸化

できなくなるので，A/F の下限値は理論空燃比であり，一定と考えることができる．燃料が決まれば，低位発熱量 H_u も一定値である．よって，出力は次の因子で記述できる．

$$P \propto m_a \eta_e \tag{4.4}$$

したがって，高出力化のためには，吸入空気の質量流量 m_a と正味熱効率 η_e を増大させればよい．

内燃機関は幅広い回転速度やスロットルバルブ開度で運転するため，その際に吸入空気量 m_a が大きく変化する．一方で，正味熱効率 η_e はエンジンの運転中に m_a ほどは変化せず，通常，ガソリンエンジンでは 20～40% 程度である．つまり，正味熱効率があまり変化しないエンジンや運転領域において，出力にもっとも影響する因子は m_a である．m_a は，1 サイクルあたりに吸入される新気の質量と，単位時間あたりの吸気回数に比例する．つまり，体積効率 η_V と排気量 V_s と回転速度 N の積に比例する．これらの関係をまとめると，次のようになる．

$$P \propto TN \propto p_{me} V_s N \propto m_a \eta_e \propto \eta_V V_s N \tag{4.5}$$

エンジンの排気量 V_s が一定の条件で考えると，高回転速度域で高い体積効率（または充填効率）を保つことで最大出力が増加するといえる．ここで，なぜ，高出力化の実現のために，燃料流量ではなく吸入空気流量を重視するのかを考える．式 (4.2) で示したように，出力は単位時間あたりの投入熱量と熱効率に比例する．シリンダ内に投入した燃料を燃焼させるには，それに見合った空気が必要である．ガソリンの理論空燃比は約 15 であるため，理論空燃比で運転する際に，空気は燃料の 15 倍の質量で吸入する必要がある．通常，ガソリン燃料は液体で計量されて，インジェクターなどで噴射される．たとえば，密度 $\rho_f = 730\,\mathrm{kg/m^3}$ のガソリンと，密度 $\rho_a = 1.2\,\mathrm{kg/m^3}$ の空気を理論空燃比で吸入することを考えると，次のようになる．

$$(A/F)_{\mathrm{st}} = \frac{m_a}{m_f} = \frac{\rho_a V_a}{\rho_f V_f} \tag{4.6}$$

$$\frac{V_a}{V_f} = (A/F)_{\mathrm{st}} \frac{\rho_f}{\rho_a} = 15 \times \frac{730}{1.2} = 9125 \tag{4.7}$$

このように，シリンダ内に供給されるガソリンの液体状態での容積に対して，約 10000 倍の容積の空気を吸入しなければならない（**図 4.1**）．つまり，高出力化のためには空気の吸い込み能力が重要であることがわかる．

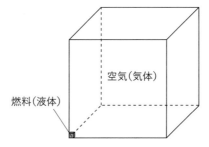

図 4.1 シリンダ内に供給される燃料と空気の容積割合のイメージ

4.2 4ストローク機関の体積効率の向上

前節において，エンジンの高出力化には空気の吸い込み能力が重要であることを学んだ．具体的には，高回転速度域において，体積効率や充填効率を高く保つことが重要である．本節では，体積効率の向上方法の基本を理解する．

図 4.2 に，エンジンの吸排気系を模式的に示す．一般に，体積効率は図中に番号で示した次の因子の影響を受ける．

① 吸気バルブ部の開口面積（バルブサイズ，個数，バルブリフトなど）
② 吸気系（吸気管，エアクリーナーなど）の通気抵抗，熱の流入
③ 吸気管長さなどに起因する動的な効果
④ 吸気バルブタイミングに起因する動的な効果

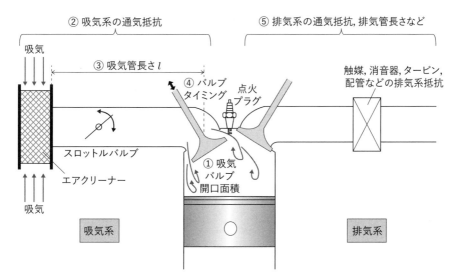

図 4.2 体積効率に影響を及ぼすエンジン吸排気系構造

⑤ 排気系の影響（排気バルブ，通気抵抗，排気管長さなど）

4.2.1 吸気バルブ

エンジンの最大空気流量（∝ 最高出力）にもっとも影響を及ぼすのは，吸気系においてもっとも絞られた部分である．一般には，吸気バルブの開口部がそれにあたる．

チャールズ・テイラー (Charles F. Taylor) およびエドワード・テイラー (Edward S. Taylor) は，バルブの仕様が異なるエンジンの体積効率が，次式に示す吸気バルブマッハ指数 M_s で整理できることを示した．

$$M_s = \frac{v_s}{a_s} = \frac{\bar{u}_p A_p}{a_s A_{vs} C_{ms}} \tag{4.8}$$

ここで，v_s は吸気の平均流速，$\bar{u}_p$ は平均ピストン速度 $(\bar{u}_p = 120\,S/N)$，a_s は吸気中における音速，A_p はシリンダ断面積，A_{vs} は吸気部最大面積，C_{ms} は吸気中の平均流量計数（0.3〜0.4 程度）である．

図 4.3 に，異なるバルブ直径，バルブリフト（バルブが閉じた状態から最大に開くまでに押し開けられる量）で運転したエンジンにおける吸気バルブマッハ指数 M_s と体積効率の関係を示す（異なるプロットは異なるバルブ仕様であることを示す）．当然のことながら，吸気バルブ直径やバルブリフトが小さいほど吸気の最大質量流量が低下するが，**吸気バルブマッハ指数** M_s で整理すると，異なる吸気バルブ仕様での体積効率がおおむね同一ライン上に重なっている．

式 (4.8) は，吸気バルブを通過する吸気のマッハ数に相当するものである．つまり，吸気バルブ開口部がチョーク（閉塞）する条件で最大流量が決定することを意味して

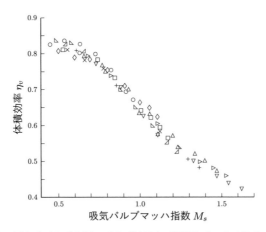

図 4.3 異なるバルブ直径，バルブリフトで運転したエンジンにおける
吸気バルブマッハ指数 M_s と体積効率の関係[3]

いる. 吸気バルブマッハ指数が 0.5 程度を超えると, 体積効率が急激に低下する.

式 (4.4) に示したように, エンジンの最高出力は空気の最大質量流量で支配されることから, エンジンを設計する際には, 必要な最高出力を確保するために必要な最大吸入空気量を決めて, その条件において吸気バルブマッハ指数が 0.5 程度以下になるように, バルブの直径, 個数, バルブリフトなどを決定する必要がある.

式 (4.8) において, エンジンの設計側で対応できるのは主に吸気部の面積 A_{vs} である. A_{vs} を増大させる方法には, 次のようなものが考えられる.

- ・多弁化
- ・バルブ挟み角を与える
- ・バルブリフト増加
- ・ショートストローク化 (相対的にボアが大きくなる分大きなバルブを配置できる)

このうち, 多弁化とバルブ挟み角の効果について以下で考えていく.

(1) 多弁化

図 4.4 に示すような, 吸気・排気ともに 1 バルブずつの 2 バルブエンジンを考える. バルブステムがシリンダ中心軸と平行になるように設置されている場合, シリンダヘッドの燃焼室側の投影図 (A–A) は, 図に示すようにシリンダのボアを表す大きな円の中に, 吸排気バルブを表す小さな二つの円と点火プラグ穴が見えることになる. 通常, 吸気バルブは排気バルブよりも大きめにすることが多いが, ボアを D とした場合, 吸気バルブの傘の直径 d_2 は, D の半分程度になるはずである. つまり, 配置できるバルブのサイズは, ボアに比例する.

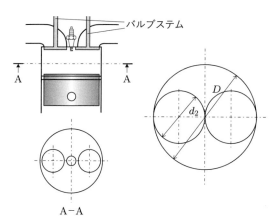

図 4.4 2 弁 (吸気・排気ともに 1 弁ずつ) エンジンのバルブ配置

$$d_2 = \frac{D}{2} = 0.5D \tag{4.9}$$

$$d_2 \propto D \tag{4.10}$$

実際には，バルブのリフトに伴ってバルブ円周から放射状に吸気がなされるので，吸気バルブの円周の長さが重要である．そのように考えると，バルブの数を増やすことでバルブの円周の合計値を増加できる．

ボア D の限られた円の中に，いかに大きな円周のバルブを配置できるかが重要であり，3弁（吸気2弁，排気1弁），4弁（吸気2弁，排気2弁），5弁（吸気3弁，排気2弁）など，さまざまなタイプがある．もっとも一般的なのは4弁タイプである．

図4.5 を用いて4弁エンジンのバルブサイズを考える．簡単のため，吸排気バルブの直径はすべて d_4 で同じで，中心線に対して上下，左右ともに対称形としてレイアウトを考える．

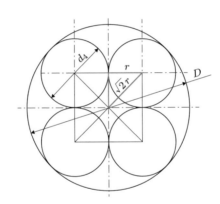

図4.5 4弁（吸気・排気ともに2弁ずつ）エンジンのバルブ配置

ボア D に対して，バルブの半径 r は次のようになる．

$$\frac{D}{2} = \sqrt{2}r + r = r\left(\sqrt{2} + 1\right) \tag{4.11}$$

$$d_4 = 2r = \frac{D}{2}\frac{2}{\sqrt{2}+1} = \frac{D}{\sqrt{2}+1} \approx 0.41D \tag{4.12}$$

実際に吸気が流入するのは，**図4.6** に示したようにバルブのリフトによって開口した，吸気バルブの外周からである．つまり，重要なのは吸気部の開口面積である．バルブリフトを固定した場合，吸気バルブの円周の大きさが重要だともいえる．上記で検討した2弁エンジンと4弁エンジンの吸気バルブの面積 A_{2v}, A_{4v} と円周 S_{2v}, S_{4v} を比較すると，次のようになる．

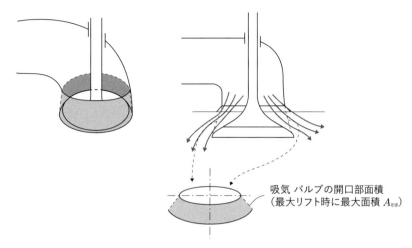

図 4.6　吸気バルブからの吸気の流入

吸気 バルブの開口部面積
（最大リフト時に最大面積 A_{vs}）

● **4弁エンジンと2弁エンジンの吸気バルブの面積比 A_{4v}/A_{2v}**

$$\frac{A_{4v}}{A_{2v}} = \frac{4 \times (\pi/4)d_4^2}{2 \times (\pi/4)d_2^2} = \frac{4 \times D^2/(\sqrt{2}+1)^2}{2 \times D^2/2^2} = \frac{8}{(\sqrt{2}+1)^2} \approx 1.37$$

● **4弁エンジンと2弁エンジンの吸気バルブの円周比 S_{4v}/S_{2v}**

$$\frac{S_{4v}}{S_{2v}} = \frac{4 \times \pi d_4}{2 \times \pi d_2} \cdot \frac{2}{2D} = \frac{4D}{\sqrt{2}+1} \cdot \frac{2}{2D} = \frac{4}{\sqrt{2}+1} \approx 1.66$$

つまり，4弁化によって1本あたりの吸気バルブ径は小さくなるが，開口部の円周は1.7倍程度に大きくなる．その結果，同一吸入空気量で考えると，4弁化することで吸気バルブから流入する吸気の流速が低下し，吸気バルブマッハ指数が低下する．そのため，大流量の空気を吸入することができ，高回転速度域まで高い体積効率を確保することが可能になる．1本あたりの吸気バルブが小さくなることは，バルブ系統の軽量化にもつながるため，バルブ系統の慣性質量低下にも寄与し，高回転速度化に有利にはたらく．

(2) バルブ挟み角を与える

図 4.7 に示すようにバルブに挟み角 θ_i を設けて配置することで，以下のように，より大きなバルブを配置できるようになる．バルブ挟み角を与えない場合のバルブ径とバルブ円周をそれぞれ d, S とし，挟み角を与えた場合のバルブ径とバルブ円周をそれぞれ d', S' とする．$d = d' \cos\theta_i$ なので，d' と S, S' は次式のようになる．

$$d' = \frac{d}{\cos\theta_i}, \quad S' = \pi d' = \frac{\pi d}{\cos\theta_i}, \quad \frac{S'}{S} = \frac{d'}{d} = \frac{1}{\cos\theta_i}$$

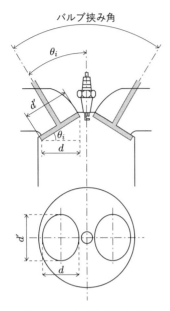

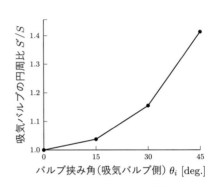

図 4.7 バルブ挟み角の影響　　図 4.8 吸気バルブ挟み角がバルブ円周に及ぼす影響

バルブ挟み角とバルブ円周の関係を表したグラフを，**図 4.8** に示す．挟み角を与えることで，より大きなバルブを配置できる．一方で，挟み角を設けるとシリンダヘッドがボア方向に大型化するため，構造が複雑かつ重くなることがデメリットである．

4.2.2　バルブタイミング

シリンダ内のガス交換過程を静的に考えた場合，**図 4.9** に示すように上死点と下死点で吸排気バルブを切り替えることになる．具体的な行程は以下の ① 〜③ のように

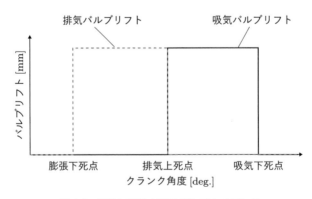

図 4.9　静的に考えた際のバルブタイミング

なる．このようなバルブの開閉のタイミングを，**バルブタイミング**という．

① 膨張下死点で排気バルブを開き，排気行程に移る
② 排気上死点で排気バルブを閉じると同時に吸気バルブを開き，吸気行程に移る
③ 吸気下死点で吸気バルブを閉じ，圧縮行程に移る

しかし，実際には吸気には質量および圧縮性があるため，慣性と圧縮性に起因した動的な効果が生じる．そのため，これらの動的な効果を考慮したバルブの開閉タイミングが決められる．また，質量をもつバルブを急開閉できないため，バルブ開閉時の加速度を考慮したリフトカーブに沿って開閉がなされる．
バルブリフトカーブの例を**図 4.10** に示す．

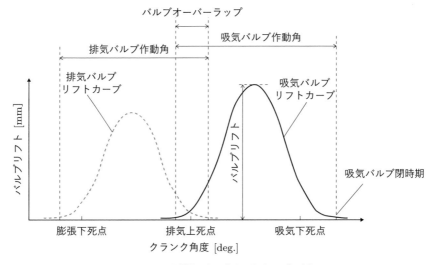

図 4.10　吸排気バルブリフトカーブの例

一般に，膨張行程の後半，下死点に到達する前に排気バルブを開ける．その後，排気上死点に至る少し前に吸気バルブを開き，排気上死点後に排気バルブを閉じる．このとき，排気上死点近傍では吸気バルブと排気バルブの両方が開いている．このような状態を，**バルブオーバーラップ**（弁重合）とよぶ．バルブオーバーラップがあることで，より多くの新気を吸入しつつ不要な排気（残留ガス）を押し出すことができる．また，吸気下死点の時点では，吸気開始で負圧になったシリンダ内圧力が回復しつつ，加速した新気が引き続き吸入されているため，下死点を過ぎてもしばらく吸気バルブを閉じないほうが体積効率が高くなる．高回転速度であるほど吸気に許される時間が短くなるため，高速時ほど吸気バルブを遅く閉じることが有効になる．

表 4.2　回転速度に応じた吸排気バルブの動作

	吸気作動角	吸気バルブ閉時期	オーバーラップ	リフト
アイドリング 低速 中速 高速	狭く ⇕ 広く	早く ⇕ 遅く	小さく ⇕ 大きく	小さく ⇕ 大きく

吸気作動角変化　　　　　吸気バルブ閉時期変化　　　　　バルブリフト変化

表 4.2 に，広い運転領域において要求されるバルブの動作を示す．

このように，負荷と回転速度に応じて，要求されるバルブ動作が変化する．発電用や汎用など，限られた負荷と回転速度で運転されるエンジンにおいては，その運転域に合わせてバルブタイミングなどを決定することで高性能化が図れる．一方で，自動車など，広い運転領域で高性能化を要求するエンジンにおいては，吸排気動作を可変化する可変動弁システムが用いられることがある．バルブ動作の可変技術の例を**表 4.3**に示す．

表 4.3　主な可変動弁システム

可変対象	原理	特徴	具体例
(1) カム位相可変式	カムの位相角を進角または遅角方向に変化させる	・カム，バルブ周りの動弁系の変更が不要なためシンプル ・カム駒は固定のため，カムプロファイル（カムの断面形状）は変わらない	多くのメーカーで採用されている
(2) カム切り替え式	二つ以上のカムをもち，運転領域（低速域，高速域など）に応じてそれらを切り替える	・カムプロファイル自体が変化するため，作動角，バルブリフト，バルブオーバーラップ量が変わる	・VTEC（ホンダ） ・MIVEC(三菱)
(3) 連続可変式	ロッカーアームのレバー比（てこ比）を連続的に変化させることで，バルブリフトと作動角を連続的に変化させる	・バルブリフトとバルブ作動角を連続的に変化させる ・スロットルバルブ開度によらずに吸気量を可変化できるため，ノンスロットル運転によるポンピング損失に有効 ・機構が複雑で，シリンダヘッド大型化，重量増，コスト増の懸念がある	・Valvetronic (BMW) ・VVEL（日産，日立 Astemo） ・新 MIVEC（三菱） ・VALVEMATIC（トヨタ） ・三次元カム（スズキ）

(1) カム位相可変式

　カムシャフトの回転角をクランクシャフトの回転角に対して進角および遅角させることができる方式を，カム位相可変 (Variable Valve Timing: VVT) 方式とよぶ．可変機構をもたない場合，カムシャフトはカムプーリーやスプロケットが，ベルト，チェーン，ギヤなどを通じてクランク軸とつながり，クランク軸の 1/2 の回転速度で駆動される．VVT 方式の場合，カム軸がプーリー（スプロケット）に対して進角・遅角側に位相変化（回転）できる構造になっている．カム位相可変式バルブタイミング機構の例を図 4.11 に示す．図の例では，高速回転時にスプロケットに内蔵された鋼球が遠心力で移動することで，バルブタイミングを遅らせる構造になっている．

　VVT を採用することによる効果は排気側よりも吸気側のほうが高いため，吸気側のみ VVT 化する場合が多いが，排気側を VVT 化することで，排気遅閉じ（排気再吸入）・排気早閉じ（排気閉込め）による内部 EGR を与えることができるなど，吸気 VVT だけでは得られない効果が得られるため，吸排気 VVT を採用した機種もある．

　吸気バルブの閉じるタイミングを下死点以前に早めるか，あるいは下死点以降まで遅らせることで有効圧縮比を低下させ，相対的に"圧縮比 < 膨張比"とするミラーサイクル動作を行うのにも利用されている（ミラーサイクルについては 2.2.2 項 (2) を参照）．

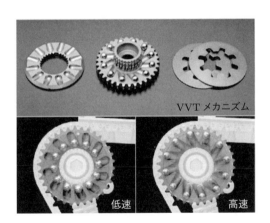

図 4.11　カム位相可変式バルブタイミング機構

(https://www1.suzuki.co.jp/motor/lineup/gsxr1000ram2/より引用)

(2) カム切り替え式

　2 種類のカムをもち，それらを切り替えるなどして，運転領域に応じてより適正なカムプロファイルで運転する技術をカム切り替え式とよぶ．ホンダの VTEC (Variable valve Timing and lift Electronic Control)，三菱自動車の MIVEC (Mitsubishi In-

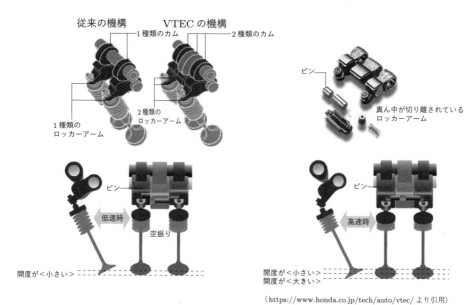

〈https://www.honda.co.jp/tech/auto/vtec/ より引用〉

低バルブリフト時
高速カムに駆動されるロッカーアームと
低速カムに駆動されるロッカーアームが
切り離されている
➡ 低速カムのプロファイルでバルブが
　 駆動される

高バルブリフト時
高速カムに駆動されるロッカーアームと
低速カムに駆動されるロッカーアームが
油圧ピンで結合される
➡ バルブ開度とバルブリフトがともに大きい
　 高速カムのプロファイルでバルブが駆動される

図 4.12　ホンダ VTEC 機構

telligent & Innovative Valve timing & lift Electronic Control) などで採用されている．図 4.12 に VTEC 機構の例を示す．低速用と高速用の 2 種類のカムをもち，それぞれがロッカーアームを押しており，低速カムで駆動されるロッカーアームが吸気バルブを押す構造になっている．高速カムは，広い作動角と高いリフトでロッカーアームを押しているが，低速時は高速カムのロッカーアームは切り離されているため，高速カムはロッカーアームを空押ししているだけになる．高速カムに切り替えるときには，ロッカーアーム内にある油圧駆動のピンが高速側のロッカーアームと低速側のロッカーアームを結合する．その結果，バルブは高速カムのプロファイルで駆動される．この機構を応用して，吸気 2 バルブの片側のみをほぼ休止して筒内に強い流動を作ったり，吸排気バルブを休止させて気筒休止運転をするなどが可能になる．

(3) 連続可変式

カムは固定の状態で，ロッカーアームのレバー比を変化させることでリフトと作動角を連続的に変化させるシステムを連続可変式とよぶ．図 4.13 に例を示すように，モー

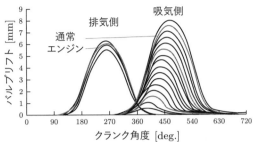

図 4.13　連続可変バルブリフト機構の例 <small>(滝勇人, 中村宗昭, 中間健二郎, 下妻陽介, 高橋一寿, 山内幸作, 三次元カ
ム式連続可変バルブリフトエンジンの開発, 自動車技術, Vol. 62, No. 9, pp. 64–68, 2008 より引用)</small>

ター, シャフト, アクチュエータ部などからなる. この方式は, 図右のように連続的にバルブリフトと作動角を変化させられるため, 広い運転領域に応じて適正なバルブタイミングとバルブリフトでの運転が実現できる. また, スロットルバルブの開閉動作ではなく, バルブの動作によって低負荷から後負荷までの吸気量コントロールが可能であるため, ノンスロットル運転によるポンピング損失 (吸排気に伴う損失) 低減も可能である. 連続可変バルブリフト機構は, シリンダヘッド周りが複雑になる傾向があり, コストと効果を勘案して採用されている.

4.2.3　吸気管の影響

図 4.14(a) に示すように, 時刻 $t = 0$ において吸気行程が開始されると, ピストンの吸気動作によって吸気バルブ開口部で負圧波が発生し, それが音速 $a\,[\mathrm{m/s}]$ で吸気管内を伝播し大気開放端に向かう. 図 (b) に示すように, 負圧波は $t = l/a\,[\mathrm{s}]$ 後に大気開放端で反射されて正圧波になって吸気バルブ側に進行し, $t = 2l/a\,[\mathrm{s}]$ 後に吸気バルブ開口部に戻ってくる. この時点で吸気バルブが開いている場合, 正圧により高い密度の新気が吸入され, 体積効率が向上する. このような効果を**吸気慣性効果**とよぶ. また, 吸気バルブが閉じた後も, 圧力波は減衰しながら吸気管内を脈動している. そのため, その次のサイクル以降の吸気行程にも影響を及ぼす. このような効果を**脈動効果**とよぶ.

　　・**吸気慣性効果**：吸気で生じた圧力波が, そのサイクル中に影響を及ぼす効果
　　・**脈動効果**：吸気で生じた圧力波が, 次のサイクル以降に影響を及ぼす効果

このように, 吸気パルス (圧力波) を有効に利用することで, 自然吸気エンジンにおいてできるだけ高い体積効率を得ることが可能になる. 一方で, 負圧波の影響を受ける場合には, 吸気パルスは逆に体積効率を低下させる方向にはたらく.

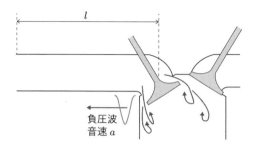

(a) 吸気開始 ($t = 0$)
吸気バルブ部で負圧波が形成され，
音速 a で大気開放端（吸入口）に向かう

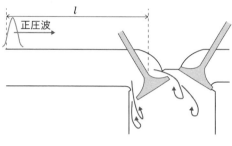

(b) 正圧波発生 ($t = l/a$)
音速 a の負圧波は l/a 秒後に大気開放端に
到達し，正圧波になり，再び吸気バルブ側に
向かう

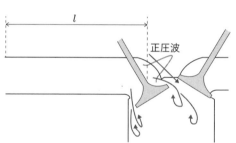

(c) 吸気バルブに正圧波到達 ($t = 2l/a$)
大気開放端で反射された正圧波が吸気
バルブ部に戻ってくる．この時点で吸気
バルブが開いていると体積効率が向上する

図 4.14　吸気行程時に発生する圧力波の挙動

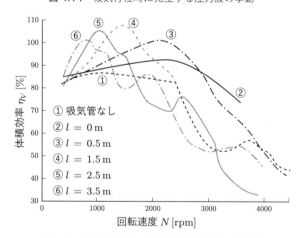

図 4.15　吸気管長さ l が体積効率に及ぼす影響[5]

　図4.15に，吸気管長さが体積効率に及ぼす影響の例を示す．吸気時間はエンジンの回転速度に比例して変化する．つまり，圧力波が往来する周期は，回転速度に応じて変化することが理想である．言い方を変えると，吸気管の長さは，高回転速度ほど短くなるのが有効である．吸気管長さが固定のエンジンでは，高い体積効率を実現したい回転速度に合わせた吸気管長さに設計される．広い回転速度域で高い体積効率を実現するために，吸気管長さを可変化しているエンジンも存在する．図4.16に，吸気管通路を切り換えることで，吸気管長さを2段階に可変化するシステムの例を示す．

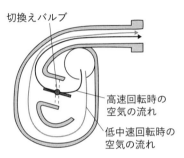

図4.16　2段階の可変吸気管長システムの例

　多気筒エンジンの場合，通常は吸気管が集合しているため，各気筒で発生した圧力波がほかの気筒にも影響を及ぼすことになる．つまり，吸気干渉が起こる．また，排気行程では，排気バルブが開いた瞬間に排気が噴出し（ブローダウン），発生した正圧波が排気管の開放端に進行し，負圧波として排気バルブ側に戻ってくる．このとき，排気バルブが開いていると燃焼室内の残留ガスを吸い出すため，体積効率の向上やノッキング限界の拡大効果が期待できる．当然のことながら，排気管長さやほかの気筒との排気管の集合状態によっては，排気が干渉したり，排気を妨げる効果が発生したりするため，排気管の長さ，集合方法などを適正に設計する必要がある．

4.3　2ストローク機関の掃気

　2ストローク機関の動作原理は1.2.1項で説明した．ここでは，**2ストローク機関**の性能を支配する，**掃気**過程について述べる．

4.3.1　2ストローク機関の掃気方式の特徴
　4ストローク機関と比較した際の2ストローク機関の特徴を以下に記す．

● 利点
　　・構造がシンプル

・毎サイクル膨張行程があるため，同じ正味平均有効圧力 p_{me} における軸トルクが，4 ストローク機関の 2 倍になる．つまり，同一 p_{me}，同一回転速度 N における出力が 4 ストローク機関の 2 倍になる．そのため，比出力（エンジン重量あるいは排気量あたりの出力）が高い

● **欠点**

・明確に区別された排気行程が存在しないため，ガス交換が難しい

・掃気中の新気の吹き抜けにより，未燃 HC の増加や燃費の悪化を招く

・残留ガス割合が多く，ノッキングを起こしやすい．また，平均有効圧力も低くなりやすい

・クランクケースと燃焼室がつながっているため，潤滑性に課題がある

2 ストローク機関は，掃気中に吸排気を同時に行うため，吸気の一部が排気ポートから吹き抜けたり，排気が抜けきらずに残留しやすい構造である．そこで，2 ストローク機関には，既燃ガスを有効に排出し，シリンダに吸入した新気を排気ポートから流出させないために，**図 4.17** に示すような掃気方式がある．小型ガソリンエンジンではクランクケース一次圧縮と掃気・排気ポート方式，大型ディーゼルエンジンでは過給機による一次圧縮と単流掃気方式によるものが多い．

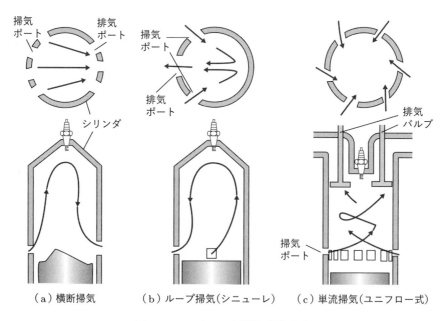

（a）横断掃気　　　（b）ループ掃気（シニューレ）　　（c）単流掃気（ユニフロー式）

図 4.17　2 ストローク機関の掃気方式

4.3.2 2ストローク機関の掃気指標

図4.18に，2ストローク機関の掃気状態を模式的に示す．掃気過程では，排気が排出されつつ新気が吸入される．その際，新気の一部が排気に吹き抜けたり，排気の一部がシリンダ内に残留したりする．つまり，吸入した新気がどの程度シリンダ内に留まるかが重要になる．そのような観点から，2ストローク機関のガス交換特性の指標が定義される．

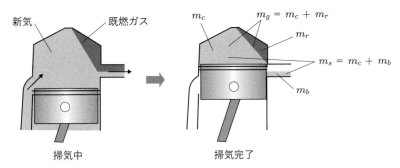

図4.18 2ストローク機関の掃気状態の模式図

ここで，m_c [kg] を掃気終了後にシリンダ内に留まった新気の質量，m_b [kg] を掃気時にシリンダ内に留まらずに排気ポートに吹き抜けた新気の質量，$m_s = m_c + m_b$ [kg] を掃気時にエンジンに供給した全給気質量，m_r [kg] を残留ガスの質量，$m_g = m_c + m_r$ [kg] を掃気終了時のシリンダ内の全ガス（新気＋残留ガス）質量，m_h [kg] を大気条件 (p, T) で排気量 V_s を占める新気の質量とする．以上の特性値を用いて，掃気状態を表す指標が次のように定義される．

(1) **掃気効率 (Scavenging Eifficiency)** η_s：掃気後のシリンダ内の全ガス中に占める新気の割合．

$$\eta_s = \frac{m_c}{m_g} \tag{4.13}$$

(2) **給気効率（トラップ効率，Trapping Efficiency)** η_{tr}：送り込んだ給気がシリンダ内にトラップされた割合．

$$\eta_{tr} = \frac{m_c}{m_s} \tag{4.14}$$

(3) **給気比 (Delivery Ratio)** K および**修正給気比 (Corrected Delivery Ratio)** L
：給気をどの程度送り込んだかの指標．

$$K = \frac{m_s}{m_h}, \quad L = \frac{m_s}{m_g} = \frac{m_s}{m_c} \cdot \frac{m_c}{m_g} = \frac{\eta_s}{\eta_{tr}} \tag{4.15}$$

(4) **充填比 (Relative Charge)** C_{rel}：排気量内に充填しうる新気量に対する，実際にシリンダ内に留まった全ガスの割合.

$$C_{\mathrm{rel}} = \frac{m_g}{m_h} = \frac{m_g}{m_s} \cdot \frac{m_s}{m_h} = \frac{K}{L} \tag{4.16}$$

(5) **体積効率 (Volumetric Efficiency)** $\eta_{V'}$：4 ストローク機関と同様の指標で，出力に比例する.

$$\eta_{V'} = \frac{m_c}{m_h} = \frac{m_s}{m_h} \cdot \frac{m_c}{m_s} = K\eta_{tr} \tag{4.17}$$

以上のような指標を用いて，掃気特性が評価される.

4.3.3 掃気モデル

2 ストローク機関では，シリンダ内への新気の流入と排気が同時に行われるため，シリンダ内に留まる新気と残留ガスの割合などは，機関の仕様，運転状態などにより複雑に変化する. そこで，理想的な条件を考えて掃気過程をモデル化し，これを基準に実際の掃気状態を評価する. ここでは，次の仮定のもとで掃気モデルを考える.

① 新気と既燃ガスは同一性状とみなす
② ガス交換を等温過程とみなす
③ $m_g = m_h$ と近似する

以上の仮定により，$K = L$, $C_{\mathrm{rel}} = 1$, $\eta_s = K\eta_{tr}$ が成り立つ.

(1) 完全層状掃気モデル

完全層状掃気モデル (Perfect Displacement Scavenging Model) は，給気された新気が，既燃ガスと一切混ざらずに既燃ガスを押し出すモデルである. つまり，新気が入った分だけ，残留ガスのみが排除される. そのため，$0 < L \leqq 1$ の間は，給気された分だけ残留ガスが掃気され，かつ，給気のすべてがシリンダ内にトラップされる. よって，次の関係が成り立つ.

$$\eta_s = L = \frac{K}{C_{\mathrm{rel}}}, \qquad \eta_{tr} = 1 \quad (0 < L \leqq 1) \tag{4.18}$$

$L = 1$ の時点で，残留ガスがすべて排出されるので，それ以上は給気した分だけ給気が排気ポートから吹き抜けていく. つまり次の関係が成り立つ.

$$\eta_s = 1, \qquad \eta_{tr} = \frac{1}{L} \quad (1 \leqq L) \tag{4.19}$$

完全層状掃気モデルのイメージを**図 4.19** に示す. 上記 ③ の仮定から，L を K に

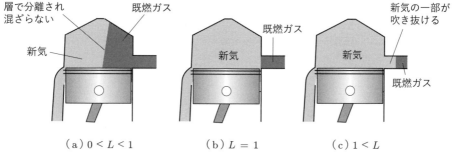

（a）$0 < L < 1$　　　（b）$L = 1$　　　（c）$1 < L$

図 4.19　完全層状掃気モデル

置き換える場合もある.

(2) 完全混合掃気モデル

　完全混合掃気モデル (Perfect Mixing Scavenging Model) は，給気された新気が，既燃ガスと瞬時に均一に混合すると仮定したモデルである．**図 4.20** に示すように新気と残留ガスが均一に混合したうえで掃気されるため，排ガスの中には新気も含まれる.

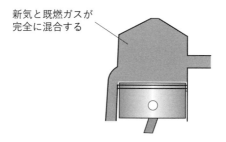

図 4.20　完全混合掃気モデル

　いま，微小質量 dm_s の新気がシリンダ内に流入すると，その分排気ポートからガスが流出する．このガスは完全混合したガスのため，そこに含まれる新気の量は $\eta_s dm_s$ である．よって，シリンダ内に留まる新気の量 dm_c は次式になる.

$$dm_c = dm_s - \eta_s dm_s = (1 - \eta_s)dm_s$$

m_g との比で表すと，

$$d\left(\frac{m_c}{m_g}\right) = (1 - \eta_s)d\left(\frac{m_s}{m_g}\right)$$

から，

$$d\eta_s = (1 - \eta_s)dL$$

$$\frac{d\eta_s}{1 - \eta_s} = dL$$

が得られる．この式を積分すれば，

$$L = -\ln(1 - \eta_s) + C \tag{4.20}$$

となる（C は積分定数）．$m_s = 0$ において $L = 0, \eta_s = 0$ なので，

$$0 = -\ln 1 + C$$

$$\therefore \ C = 0$$

と C の値が得られる．これを式 (4.20) に代入すると，

$$-L = \ln(1 - \eta_s)$$

$$\exp(-L) = 1 - \eta_s$$

となる．よって，完全混合掃気モデルにおける η_s は次式で表される．

$$\eta_s = 1 - \exp(-L) = 1 - \exp\left(-\frac{K}{C_{\rm rel}}\right) \tag{4.21}$$

前述の仮定 ③ により，$K = L, C_{\rm rel} = 1$ とした場合，次式で表せる．

$$\eta_s = 1 - \exp(-K) \tag{4.22}$$

式 (4.22) は $m_g = m_h$（$C_{\rm rel} = 1$）と近似した場合の式のため，圧縮開始圧力が大気条件と大きく異なる過給エンジンなど，$C_{\rm rel} = 1$ とは置けない条件では式 (4.21) を用いるのがよい[4]．

式 (4.15) および式 (4.21) より，完全混合掃気モデルにおける給気効率は，次式で表せる．

$$\eta_{tr} = \frac{\eta_s}{L} = \frac{1 - \exp(-L)}{L}$$

以上で示した完全層状掃気モデルと完全混合掃気モデルの特性を**図 4.21** に示す．

実際のエンジンの掃気状態を考えると，新気と既燃ガスが混合するため，η_s は完全層状掃気モデルの場合よりも低くなる．一方で，新気と残留ガスが瞬時に完全混合して均一になることはない．通常，排気ポート側に近い既燃ガスのほうが優先的に排気されるはずである．つまり，η_s は，完全層状掃気モデルの場合よりは低くなり，完全混合掃気モデルの場合よりは高くなる場合が多い．しかし，横断掃気の場合，新気の

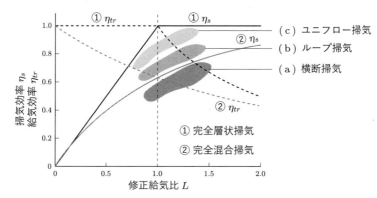

図 4.21 完全層状掃気モデルと完全混合掃気モデルの特性比較

吹き抜けが多くなり，η_s が完全混合掃気モデルよりも小さくなる場合がある．一般に，ループ掃気や単流掃気の η_s は，図の (b), (c) に示す領域にある．

4.4 過給

図 3.9 で示したように，排気量一定，回転速度一定で出力を増大させる方法は，平均有効圧力の増大，つまり**過給**である．

内燃機関に一般に用いられる過給機の分類を**図 4.22** に示す．圧縮機は容積型とターボ型に分類され，容積型はさらに往復式と回転式に分けられる．エンジンの動力を用いて駆動される過給機はスーパーチャージャーとよばれ，ルーツ式とリショルム式が一般に用いられる．リショルム式はルーツ式に比べて圧力比が高くとれるのが特徴で

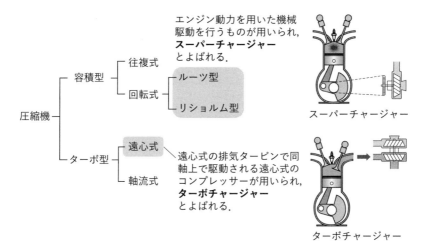

図 4.22 エンジンに用いられる圧縮機の分類

ある.

ターボ型の圧縮機は,遠心式と軸流式に分類される.軸流式は,ジェットエンジン(ガスタービン)に代表されるように,軸方向に並んだ羽根車で圧縮を行う方式である.軸流式は,1段での圧力比が低いため多段で圧縮する必要がある一方,大流量に向いている.そのため,大型・大流量用途に向いている.遠心式の圧縮機は,1段での圧力比が高いため,小型の用途に向いている.レシプロエンジンに用いられるターボチャージャーは遠心式である.

吸気の動的な効果を無視して容積 V のシリンダ内に理想気体の空気を静的に吸入することを考えると,吸入できる空気の質量は,理想気体の状態方程式を用いて次のように表される.

・無過給時の吸入空気量 $m_{NA} = \dfrac{p_0 V}{R T_0}$

・過給時の吸入空気量 $m_b = \dfrac{p_b V}{R T_b}$

$$\frac{m_b}{m_{NA}} = \frac{p_b}{p_0} \cdot \frac{T_0}{T_b}$$

ここで,p_0, T_0 はそれぞれ圧縮機入口での空気の圧力と温度,p_b, T_b はそれぞれ圧力機出口での空気の圧力と温度,R は一般気体定数である.つまり,新気の過給量は,圧縮機入口から出口までの圧力比 (p_b/p_0) に比例し,温度上昇比 (T_b/T_0) に反比例する.

圧縮機では新気をポリトロープ圧縮(ポリトロープ指数を n とする)するが,その際に以下の式に従って温度が増大するため,圧縮による新気密度の増加量を目減りさせる(体積効率を目減りさせる).

$$\frac{T_0}{p_0^{(n-1)/n}} = \frac{T_b}{p_b^{(n-1)/n}}, \qquad \frac{T_b}{T_0} = \left(\frac{p_b}{p_0}\right)^{\frac{n-1}{n}}$$

また,エンジン給気温度の上昇は,ノッキングなどの異常燃焼を招く,冷却損失を増大させるなど,その後の行程にも悪影響をもたらす.そのため,過給機の後に熱交換器(インタークーラー)を設置し,圧縮機で昇圧しつつ昇温された混合気温度を低下させることで密度を増大させ,高い体積効率(吸入空気量)を確保しつつ低温の新気を吸入することが有効である.

図 4.23 に,ターボチャージャーを用いた過給システムの模式図を示す.排気のエンタルピー H をタービンで仕事 W_t として回収し,その仕事を用いてコンプレッサーを駆動して吸気を圧縮する.タービンで理想的な断熱膨張 $(dQ = 0)$ がなされたと仮定すると,取り出せる仕事は,開いた系の熱力学第一法則によって次のようになる.

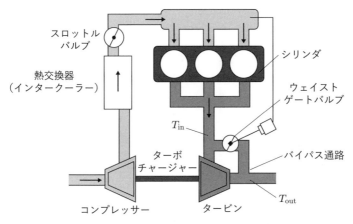

図 4.23 ターボ過給システムを備えたエンジンの模式図

$$dQ = dH + dW_t$$

$$0 = dH + dW_t$$

$$dW_t = -dH = -mc_p dT$$

$$W_t = mc_p (T_{in} - T_{out})$$

排気の質量 m [kg] を質量流量 $\dot{m}$ [kg/s] にすれば，タービン仕事 W_t [J] は，次式のタービン出力 P_t [W] になる．

$$P_t = \dot{W}_t = \dot{m}c_p(T_{in} - T_{out}) \tag{4.23}$$

ここで，c_p は等圧比熱，T_{in}，T_{out} はそれぞれタービン入口，出口での排気の温度である．つまり，タービン出力は，排気の質量流量とタービン出入口での排気の温度差に比例する．

過給機は，**図 4.24** の H–S 線図（エンタルピー H –エントロピー S 線図）に示すポリトロープ変化によって吸気を過給する．吸気を圧縮するために必要な工業仕事は，過給機の入口と出口のエンタルピーの差となる．1 サイクルの吸気行程で空気質量 m [kg] が吸入された場合，圧縮に必要な工業仕事 W_{tcp} [J] は，過給機の入口温度 T_1 [K]，出口温度 T_2 [K]，空気の等圧比熱 c_{pa} [J/(kg·K)] から次式となる．

$$W_{tcp} = H_2 - H_1 = mc_{pa} (T_2 - T_1) \tag{4.24}$$

また，エンジン回転速度を N_e [rps] とすると，過給に必要な出力 P_{cp} [W] は次式となる．

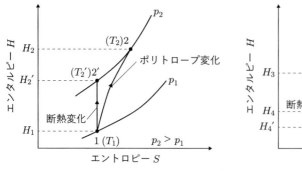

図 4.24　圧縮機の H–S 線図

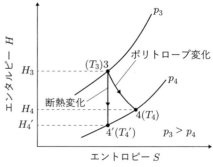

図 4.25　タービンの H–S 線図

$$W_{cp} = W_{tcp} N_e a \tag{4.25}$$

ここで，a はエンジン 1 回転あたりの吸気回数を表し，4 ストロークエンジンでは吸気回数が回転数の $1/2$ であるため $a = 1/2$，2 ストロークエンジンでは $a = 1$ となる．また，吸入空気の質量流量 $\dot{m}_a$ [kg/s] が既知の場合は，次式を用いる．

$$P_{cp} = \dot{m}_a c_{pa} (T_2 - T_1) \tag{4.26}$$

コンプレッサーの効率は，図 4.24 に示される断熱変化の出力 P_{cad} とポリトロープ変化の出力 P_{cp} の比である断熱効率 η_c によって次式のように定義される．

$$\eta_c = \frac{P_{cad}}{P_{cp}} = \frac{\dot{m}_a c_{pa} (T_2' - T_1)}{\dot{m}_a c_{pa} (T_2 - T_1)} = \frac{T_2' - T_1}{T_2 - T_1} \tag{4.27}$$

ここで，T_2' [K] は断熱変化によって圧縮した場合の温度である．なお，ポリトロープ変化によって圧縮する場合は，管摩擦などによる非可逆性によってエントロピーが増加し，断熱圧縮の場合と比較して，同一の圧力とするための仕事が増加する．

ターボチャージャーを用いた過給システムの場合は，タービン出力 P_{tp}，タービン効率 η_t も同様に，式 (4.28)，(4.29) で求められる．ただし，排ガスの等圧比熱を c_{pe} [J/(kg·K)] とし，排ガスの質量流量 $\dot{m}_e$ [kg/s] は吸入空気と燃料の質量流量の和となる．図 4.25 に示すように，ポリトロープ変化によって膨張する場合は，非可逆性によってエントロピーが増加し，断熱膨張の場合と比較して，同一の圧力まで低下する際の仕事が減少する．

$$P_{tp} = H_3 - H_4 = \dot{m}_e c_{pe} (T_3 - T_4) \tag{4.28}$$

$$\eta_t = \frac{P_{tp}}{P_{tad}} = \frac{\dot{m}_e c_{pe} (T_3 - T_4)}{\dot{m}_e c_{pe} (T_3 - T_4')} = \frac{T_3 - T_4}{T_3 - T_4'} \tag{4.29}$$

また，ターボチャージャーの機械効率 η_m は，タービン出力 P_{tp} と過給出力 P_{cp} の

比で定義し, 次式となる.

$$\eta_m = \frac{P_{cp}}{P_{tp}} = \frac{\dot{m}_a c_{pa} (T_2 - T_1)}{\dot{m}_e c_{pe} (T_3 - T_4)} \tag{4.30}$$

ターボチャージャーの全効率（総合効率）η_{total} は次式となる.

$$\eta_{\text{total}} = \eta_c \eta_t \eta_m = \frac{\dot{m}_a c_{pa} (T_2' - T_1)}{\dot{m}_e c_{pe} (T_3 - T_4')} \tag{4.31}$$

　過給によって吸気圧力が排気圧力以上になると, ポンプ仕事に相当する部分が正の仕事となる. 機械式過給機の場合は, 過給のためにエンジンの出力を消費するためエンジンの出力は増加しないが, ターボチャージャーの場合は排気エネルギーを回生して駆動するため正のポンプ仕事の分エンジン出力が増加する.

例題 4.1　排気量 2000 cc の 4 サイクルエンジンが 3000 rpm で運転している. 過給機を用いて断熱圧縮によって吸気圧力を 150 kPa または 200 kPa まで過給した場合, 過給後の吸気温度, 1 サイクルの吸気質量および過給に必要な出力を求めよ. ただし, 吸気は空気, 過給前の吸気は温度 20.0 ℃, 圧力 100 kPa とする.

解答　断熱変化における温度 T と圧力 p の関係 $T/p^{(\kappa-1)/\kappa} = $ 一定 から, 圧縮始めを添字 1, 圧縮終わりを添字 2 とすると, $T_1/p_1^{(\kappa-1)/\kappa} = T_2/p_1^{(\kappa-1)/\kappa}$ となり,

$$150\,\text{kPa} \quad T_2 = T_1 \left(\frac{p_2}{p_1}\right)^{\frac{\kappa-1}{\kappa}} = (273.15 + 20)\left(\frac{150}{100}\right)^{\frac{1.4-1}{1.4}} = 329.2\,\text{K} = 56.0\,℃$$

$$200\,\text{kPa} \quad T_2 = T_1 \left(\frac{p_2}{p_1}\right)^{\frac{\kappa-1}{\kappa}} = (273.15 + 20)\left(\frac{200}{100}\right)^{\frac{1.4-1}{1.4}} = 357.4\,\text{K} = 84.3\,℃$$

吸気質量は, 吸気後のシリンダ内に理想気体の状態方程式 $pV = mRT$ を用いて,

$$150\,\text{kPa} \quad m = \frac{p_2 V_2}{R T_2} = \frac{150 \times 10^3 \times 2000 \times 10^{-6}}{287 \times 329.2} = 3.18 \times 10^{-3}\,\text{kg}$$

$$200\,\text{kPa} \quad m = \frac{p_2 V_2}{R T_2} = \frac{200 \times 10^3 \times 2000 \times 10^{-6}}{287 \times 357.4} = 3.90 \times 10^{-3}\,\text{kg}$$

となる. なお, 過給しない場合の 1 サイクルの吸気質量は, 以下のとおりである.

$$100\,\text{kPa} \quad m = \frac{p_2 V_2}{R T_2} = \frac{100 \times 10^3 \times 2000 \times 10^{-6}}{287 \times 293.15} = 2.38 \times 10^{-3}\,\text{kg}$$

1 回の吸気を圧縮するのに必要な断熱圧縮の工業仕事は,

$$150\,\text{kPa} \quad W_{tcp} = m c_{pa} (T_1 - T_2) = 3.18 \times 10^{-3} \times 1000.5\,(293.15 - 329.2) = -114.7\,\text{J}$$

$$200\,\text{kPa} \quad W_{tcp} = m c_{pa} (T_1 - T_2) = 3.90 \times 10^{-3} \times 1000.5\,(293.15 - 357.4) = -250.7\,\text{J}$$

となる. なお, 負の値となるのは気体に対して仕事をするためである. 工業仕事は絶対値とし, 4 ストロークエンジンなので 1 min に 1500 回, 1 s に 25 回吸気が行われるため, 出力

は以下のようになる.

$$150\,\mathrm{kPa} \quad P = 25L = 25 \times 114.7 = 2868\,\mathrm{W} = 2.87\,\mathrm{kW}$$

$$200\,\mathrm{kPa} \quad P = 25L = 25 \times 250.7 = 6268\,\mathrm{W} = 6.27\,\mathrm{kW}$$

また,過給圧が高すぎると,エンジン,駆動系(トランスミッションなど),ターボチャージャーの破損や,異常燃焼の発生が問題になるため,適正な過給圧にコントロールする必要がある.その手法として一般に用いられるのが,図 4.23 にも示した**ウェイストゲートバルブ**(WG バルブ)である.吸気圧がある規定の圧力に達した際に,アクチュエーター(空気圧駆動のものや電動のものがある)が作用して WG バルブを開く.WG バルブが開くと,排ガスがタービンを通過せずにバイパス通路を経由して排出されるため,タービン仕事が減少して吸気圧が抑えられる.

WG バルブを用いることで上限の過給圧が設定される.これは,一定 A/F の場合には,上限トルクが設定されることに等しい.**図 4.26** に,スロットルを全開にした場合(全負荷,Wide Open Throttle: WOT とよぶ)の自然吸気エンジンと,過給エンジンの軸トルク特性を模式的に示す.自然吸気エンジンでは,回転速度ごとに変化する充填効率などに応じて軸トルクが変化するのに対して,過給エンジンの場合,高負荷側は WG バルブで制御するため,上限トルクがフラットになる.WG バルブが開き始める回転速度をインターセプト点とよぶ.

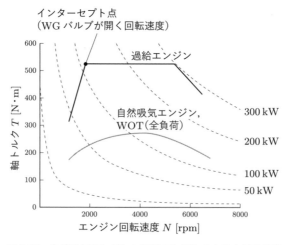

図 4.26　自然吸気エンジンと過給エンジンのトルク特性比較

演習問題

4.1 最大出力を支配するもっとも重要な因子は最大吸入空気質量流量である理由を説明せよ.

4.2 高回転域で高い充填効率を保つためには,吸気バルブをどのような設計にすればよいか説明せよ.

4.3 7000 rpm で運転している単気筒の内燃機関において,吸気慣性効果を利用して充填効率の向上を図りたい.吸気下死点で慣性効果を利用した過給(正圧波の同調)を行うことができる吸気管長さを求めよ.ただし,吸気バルブ開口部での負圧波は排気上死点で発生するものとし,シリンダ容積部が圧力波に及ぼす影響は無視する.また,吸気管内の組成は 40 ℃ の空気であり,その比熱比は 1.4,気体定数 287 J/(kg·K) とする.なお,音速 a は比熱比 κ,気体定数 R,絶対温度 T を用いて $a = \sqrt{\kappa R T}$ で求められるものとする.

4.4 2 ストローク機関の掃気における,完全層状掃気モデルと完全混合掃気モデルの違いを説明せよ.

4.5 過給機付きエンジンにおいて,圧縮機と機関の間に熱交換器を用いる理由を説明せよ.

4.6 ターボチャージャーで $\dot{m}_a = 0.100$ kg/s,20.0 ℃ の吸入空気を吸気圧力 100 kPa から 200 kPa まで過給するとき,圧縮のポリトロープ指数を $n = 1.50$,$n = 1.60$ として,過給後の温度および過給に必要な出力とコンプレッサー効率を求め,また,タービン出力を 9.00 kW,タービン効率を 70.0% として,ターボチャージャーの機械効率と全効率を求めよ.

5 エンジンの熱効率向上

熱機関は熱エネルギーを仕事に変換する機械である．熱効率の向上は，省エネルギー，燃料コスト削減，CO_2 排出量の削減のすべてにおいて有効であり，重要な性能の一つである．本章では，熱効率向上の原理と手法を解説する．

5.1 理論サイクルと実サイクルの違い

理論サイクルと実サイクルとでは，**表 5.1** に示すような相違点がある．

表 5.1　理論サイクルと実サイクルの主な相違点

	理論サイクル （オットーサイクル）	実サイクル
圧縮と膨張行程	断熱変化とみなし，圧縮および膨張中の熱の逃げを無視する	圧縮・膨張ともに外部に熱が逃げる．とくに，燃焼から膨張にかけて，高温な燃焼ガスからの熱損失が生じる
受熱プロセス	上死点で瞬時に受熱する等容受熱とみなす	燃焼にはある程度時間を要するため，等容受熱にはならない
排熱プロセス	下死点で瞬時に排熱する等容排熱とみなす	下死点前に排気バルブが開き，シリンダ内圧力が低下する
作動ガス	比熱比一定の理想気体とみなす	温度や化学組成が変化するため，比熱比は一定でない
吸排気仕事	吸気と排気の圧力が同じとみなすため，吸排気の仕事はゼロになる（吸排気仕事を考慮しない）	作動ガスを吸排気するための仕事（ポンプ仕事）が発生する

オットーサイクルでは，圧縮行程と膨張行程を断熱変化，受熱過程を等容変化，排熱過程を等容変化とみなしている．しかし，実際のエンジンでは，圧縮・膨張中に作動ガスとシリンダ壁との間で熱のやりとりがあるため，断熱にはならない．また，燃焼は瞬時に行われるわけではないため，等容受熱にはならない．そのため，実測の p–V 線図はオットーサイクルのそれとは異なる．

また，作動ガスの比熱比は一定ではなく，気体の種類や温度によって変化する．空気および燃焼ガスの比熱比[4] の温度依存性を**図 5.1** に模式的に示す．

二原子分子（N_2 と O_2）がほとんどを占める空気では，常温での比熱比は約 1.4 であ

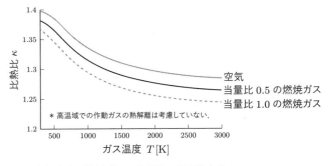

図 5.1　空気および燃焼ガスの比熱比の温度依存性

るが，温度が上昇するほど比熱比が低下する．加えて，当量比が大きくなるほど，三原子分子で比熱比が低い CO_2 と H_2O の割合が増えるため，比熱比が低下する．燃焼前の混合気においても，当量比が大きくなるほど多原子分子である燃料の割合が増えるため，比熱比が低下する．つまり，理論熱効率を高めるためには，希薄燃焼（リーンバーン），低温燃焼が有効である．

図 5.2 に，4 ストロークガソリンエンジンの動作と p–V 線図の関係を模式的に示す．上述の内容に従い，実サイクルの p–V 線図は次のように描かれる．

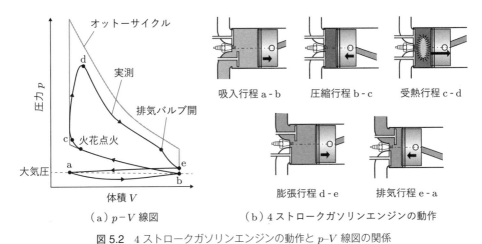

（a）p–V 線図　　　（b）4 ストロークガソリンエンジンの動作

図 5.2　4 ストロークガソリンエンジンの動作と p–V 線図の関係

● **吸気行程 a–b**

ピストン降下により新気がシリンダ内に吸入される．このとき，エアクリーナ，スロットルバルブ，吸気ポート，吸気バルブなどの通気抵抗によって圧力が低下するため，シリンダ内の圧力は大気圧よりも低下する（自然吸気機関の場合）．

● **圧縮行程 b–c**

新気を圧縮する．圧縮上死点の少し前に火花点火を行い，初期火炎を形成する．

● **受熱（燃焼）過程 c–d**

火炎伝播で燃焼が進行する．その際，ピストンは膨張行程に入っているため，容積が増えながら圧力が増加する（等容変化にはならない）．

● **膨張行程 d–e**

燃焼ガスが膨張する．下死点に到達する少し前に排気バルブを開くため，排気が噴出し圧力が低下する（ブローダウン）．

● **排気行程 e–a**

シリンダ内に残留した排気をピストンで押し出す．その際，残圧や排気系の通気抵抗などがあるため燃焼室内の圧力は大気圧よりも高くなる．

実測の p–V 線図は，理論サイクルの p–V 線図に比べて，次の特徴がある．

  ・正の仕事である p–V 線図の右回りの領域（面積）が減少
  ・圧縮 – 受熱 – 膨張時の p–V 線図の角が丸みを帯びている
  ・排気行程から吸気行程にかけて，負の仕事である左回りの領域が発生

これらの相違が発生する理由は，実際のエンジンでは理論サイクルで考慮されていないさまざまな損失（ロス）が発生するためである．次節で，実際のサイクルの各種の損失とその低減法などを考える．

5.2 実エンジンの各種損失とその低減

図 5.3 に示すように，実際のエンジンでは以下のような損失が発生するため，理論熱効率よりも正味熱効率は必ず低くなる．

① **冷却損失（熱損失）**：高温なガスから燃焼室やシリンダ壁などを通じて熱が逃げ，燃焼室内圧力が低下し，仕事に変換されるエネルギーが減少する．
② **ポンピング損失**：正圧の排気を押し出し，負圧で吸気を行うのに仕事を消費する．
③ **時間損失**：燃焼に時間を要することで，p–V 線図の面積が小さくなる．
④ **排気吹出損失（ブローダウン損失）**：膨張行程の後半で排気バルブを開くことで燃焼室内圧力が低下する．
⑤ **未燃損失**：シリンダ内に供給された燃料の一部が完全燃焼しないことにより生じる．
⑥ **機械摩擦損失（フリクションロス）**：ピストンとシリンダ，軸受その他の摩擦，

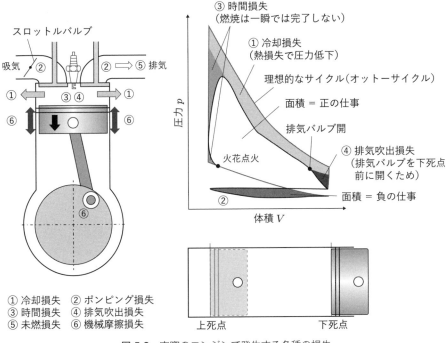

図 5.3 実際のエンジンで発生する各種の損失

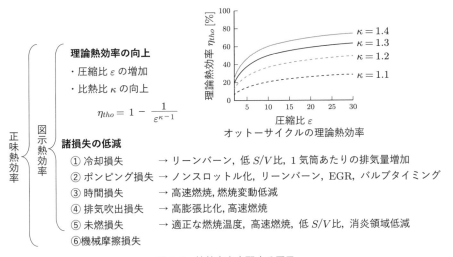

図 5.4 熱効率を支配する因子

吸排気バルブ駆動やその他の補器類駆動で仕事を消費する.

エンジンの熱効率を支配する因子を**図 5.4** に模式的に示す. 以下で, 図示熱効率を向上させるにあたって重要な事項について解説する.

5.2.1　理論熱効率を上げる

理論熱効率を高めるには, 次式のオットーサイクルの理論熱効率 η_{tho} に示されるように, 高圧縮比化, 高比熱比化が必要である.

$$\eta_{tho} = 1 - \frac{1}{\varepsilon^{\kappa-1}} \tag{5.1}$$

加えて, 次式のサバテサイクルの理論熱効率 η_{ths} を考えると, 圧縮比, 比熱比のほかに, 高い等容度での運転が有効であることがわかる.

$$\eta_{ths} = 1 - \left(\frac{1}{\varepsilon^{\kappa-1}}\right) \left\{ \frac{\alpha\beta^{\kappa} - 1}{(\alpha-1) + \kappa\alpha(\beta-1)} \right\} \tag{5.2}$$

式 (5.2) において締切比 $\beta = 1$ とおくと, 等圧燃焼期間がなくなるため等容燃焼となり, 圧力上昇比 α で等容燃焼するオットーサイクルの理論熱効率になる. つまり, 理論熱効率を高めるとは, 高圧縮比, 高比熱比条件でオットーサイクルのように等容燃焼を行うことである.

ただし, これはあくまでも理論熱効率の話であり, 実際には後述する各種損失がかかわってくるため, どのような条件でも必ず等容燃焼が有効という訳ではない. たとえば, 高圧縮比で等容燃焼をすると, 圧力上昇率と最大圧力がともに高くなるため, 騒音や損失を生む要因にもなる.

5.2.2　燃焼室内で発生する損失を減らす

冷却損失, ポンピング損失, 時間損失, 排気吹出損失は, 燃焼室内で発生する損失である. すなわち, 図 5.3 に示したように, シリンダ内圧力に反映される損失である. また, 未燃損失は, シリンダ内に投入された燃料の一部が熱に変換されない（燃焼効率が 100% にならない）ために起こる. これらの損失を減らすことで, 図示熱効率が向上する.

前項で述べた理論熱効率の向上と, 上述の損失への対応で図示熱効率が決まるが, エンジンの軸出力で考えた熱効率である正味熱効率を向上させるには, さらに機械摩擦損失の低減が重要である. 以下に, これらの各種損失の特性を示す.

(1) 冷却損失

通常, エンジンの燃焼室壁面温度は, 材質, 場所, 運転条件（空燃比, 負荷, 回転

速度など），燃焼方式などにより異なるが，高温になるピストン表面の温度は，300 ℃
程度以下である．シリンダおよび燃焼室壁の熱容量は燃焼ガスのそれに比べて非常に
大きいため，燃焼によってガス温度が 1000 ℃のオーダーで急激に増大したとしても，
壁面の温度は数℃程度のオーダーでしか変化しない．

図 5.5 に，圧縮・膨張行程における燃焼室壁面温度とガス温度の関係を模式的に示
す．吸気行程から圧縮行程の途中にかけては，ガス温度よりも壁面温度のほうが高い
ため，吸入された気体は壁から熱をもらう．圧縮行程の途中で，壁面温度とガス温度
の関係が逆転し，今度はガスから壁に熱が逃げるようになる．その後，燃焼によって
ガス温度が増大するため，圧縮上死点付近から膨張行程にかけては大きな熱損失が発
生する．この，燃焼室の壁面から伝わる熱によるエンジンの過熱を防ぐために，適正
な度合いのエンジンの冷却がなされる．このときに失われる熱を冷却損失または熱損
失とよぶ．

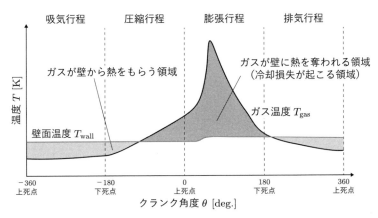

図 5.5 4 ストロークエンジンの動作過程における壁面温度とガス温度の関係

圧縮上死点付近から膨張行程にかけて，高温な燃焼ガスの発生により壁面などを通
じて外部に逃げる毎秒あたりの熱量 Q_{cool} [W] は，ニュートンの冷却の法則によって
次のように表すことができる．

$$Q_{cool} = \alpha S \tau (T_{gas} - T_{wall}) \tag{5.3}$$

ここで，α [W/(m²·K)] は熱伝達率で，この数値が大きいほど熱が伝わりやすい伝熱
面であることを意味し，燃焼室表面の材質，表面の粗さ，表面の流動状態などによっ
て変化する．S [m²] は燃焼室表面積，τ [s] は熱移動に許される時間，T_{gas} [K] は燃焼
ガス温度，T_{wall} [K] は燃焼室の内壁面温度である．つまり，冷却損失は主に以下の要
因の影響を受ける．

① 燃焼ガスと壁面との温度差 $(T_{\mathrm{gas}} - T_{\mathrm{wall}})$

② 燃焼室表面積と燃焼室容積の比（S/V 比）

③ 機関回転速度（冷却に許される時間スケール）

上記 ① を減らすには，燃焼温度 T_{gas} の低減が有効である．そのため，リーンバーン，排ガス再循環 (EGR) などで燃焼温度を下げる技術がある（5.3節参照）．また，壁面温度 T_{wall} を高くしてガスとの温度差を減らす方法も考えられる．しかし，壁面温度の高温化は，充填効率の低下，ノッキングの発生，窒素酸化物 NOx の発生などの問題を生じさせる．加えて，減少した冷却損失がすべて有効な仕事に変換されるわけではなく，排気のエネルギーに変換される（排気温度の上昇）などの理由から，効果を得るには工夫が必要である．たとえば，燃焼ガス温度の変化に追従して壁面温度が変化するような，空気のような熱容量と熱伝導率をもった壁面が実現できたとすれば，燃焼ガス温度と壁面温度の差を常に小さく保つことができ，冷却損失の低減が期待される．

② については，大きな冷却損失が起こる圧縮上死点近傍において，燃焼室容積 V に対する燃焼室表面積 S の割合が大きいほど，熱の逃げ（冷却損失）が大きくなる．そのため，S/V 比を低くする必要がある．

図5.6 に示すような単純な円柱形燃焼室をもつエンジンにおいて，ボアを D [cm]，ストロークを l_s [cm]，排気量を V_s [cm^3]，すき間容積を V_c [cm^3]，燃焼室高さを l_c [cm]，上死点での燃焼室表面積を S [cm^3] としたとき，上死点での S/V 比はどのようになるかを考える．例として，総排気量 2000 cm^3，圧縮比 12 の4気筒エンジンをベース条件として考え，ストローク/ボア比 (l_s/D)，気筒数（1シリンダあたりの排気量），圧

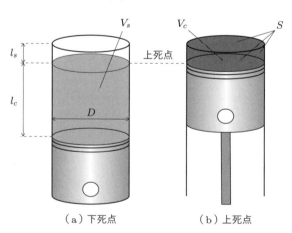

（a）下死点　　　　　（b）上死点

図5.6　燃焼室の S/V 比に及ぼすエンジン諸元の影響

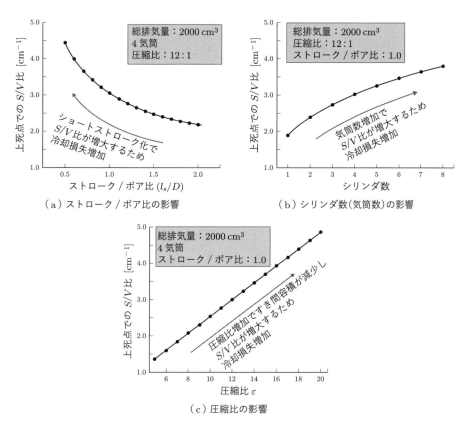

図 5.7 ストローク/ボア比，気筒数，圧縮比が上死点での S/V 比に及ぼす影響

縮比が変化した際の S/V 比を計算すると，**図 5.7** のようになる．

以下，それぞれが S/V 比に与える影響を具体的に述べる．

(a) ストローク/ボア比の影響

多量の冷却損失が起こる上死点付近では，燃焼室が扁平になるため S/V 比が増加する．ロングストローク化することで，上死点付近で燃焼室が扁平になりにくいため，冷却損失が低減する．

(b) 気筒数の影響

同一総排気量でシリンダ数を増やすと，燃焼室を小分けにすることになるため，トータルの S/V 比が増大し，冷却損失が増大する．そのため，1 シリンダあたりの排気量を大きくするほど，S/V 比が低下して冷却損失が減少する．つまり，気筒数を減らすことで，冷却損失が低減する．しかし，予混合火炎伝播燃焼を行う火花点

火機関では，シリンダ大型化は火炎伝播距離の増加による耐ノッキング特性の悪化，燃焼期間の長期化などを招く．そのため，ガソリンエンジンはボアが 100 mm 程度以下のものが普通である．

　一方，圧縮着火燃焼であるディーゼルエンジンは，大きな燃焼室容積でも燃焼が成立するため大型化しやすく，低い冷却損失による高効率化が期待できる．

(c) 高圧縮比

　高圧縮比化すると，理論熱効率が向上する一方で，すきま容積 V_c の減少によって S/V 比が増加し，冷却損失が増加する．そのため，圧縮比を増加させた際の図示熱効率は，冷却損失の増大と相殺されてやがて頭打ちになる．とくに，ベースの排気量が小さいエンジンほど S/V 比が大きくなるため，より低い圧縮比側で熱効率が頭打ちになる傾向にある．つまり，1 シリンダあたりの排気量が大きいエンジンほど高圧縮比による熱効率向上効果が大きくなる．

　③ の機関回転速度については，伝熱時間が短くなる高回転速度側ほど冷却損失が低減する傾向にある．ただし，高回転速度域では摩擦損失が増大するため，その間の適正な回転速度域での運転が必要である．

(2) ポンピング損失

　図 5.8 に模式的に示すように，排気行程中は燃焼室内の残圧に打ち勝って排気を押

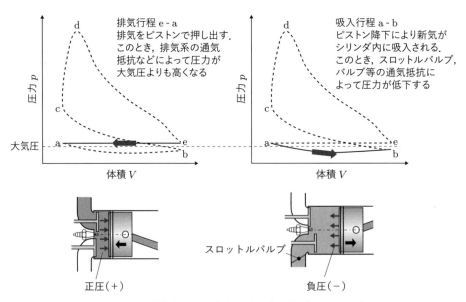

図 5.8 吸排気行程で発生するポンピング損失のイメージ

し出す必要があるため，エンジンにとって負の仕事が発生する．その後，吸気行程では，スロットルバルブで吸気絞りを行った状態で吸気行程を行うため，スロットルバルブを通過する新気の圧力が低下して，ピストンの下降を妨げる力が発生する．その力に打ち勝って吸気行程を行う必要があるため，同じくエンジンにとって負の仕事が発生する．それらの負の仕事で生じる損失をポンピング損失とよぶ．とくに，吸気時の損失はスロットルバルブを閉じることで顕著になるため，スロットル開度を大きくすることはポンピング損失を減らすための有効な手段である．

　ガソリンエンジンとディーゼルエンジンを比較すると，スロットル絞りの要否に大きな違いが存在する．**図 5.9** に，横軸を負荷とした際の，1 サイクルあたりの燃料投入量，吸入空気量，空燃比の関係を模式的に示す．

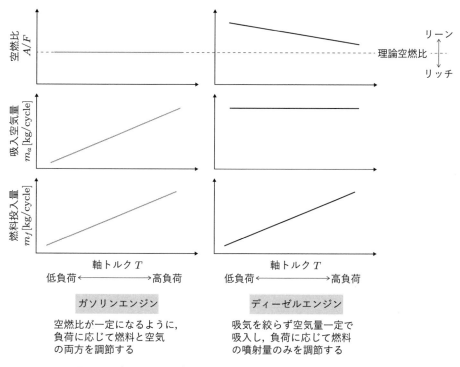

図 5.9　ガソリンエンジンとディーゼルエンジンの負荷制御法の違い

　ガソリンエンジンは，安定した燃焼と排気浄化（排気後処理に用いる三元触媒の浄化効率確保）のために，通常は理論空燃比付近の空燃比一定で運転する．そのため，低負荷（必要トルクが低いとき）で燃料投入量が少ないときには，空燃比が理論空燃比になるように，スロットルバルブで空気も絞る必要がある．その結果，低負荷になれ

ばなるほど吸気時の燃焼室内圧力（吸気圧力）が低下し，ポンピング損失が増大する．

　一方で，ディーゼルエンジンは負荷によらずに常に空気を絞らず吸入しておき，必要な負荷に応じて燃料の噴射量を変化させる．そのため，ガソリンエンジンに比べてとくに低負荷時のポンピング損失が小さくなる．

　以上の理由から，ガソリンエンジンは，とくに低負荷時にディーゼルエンジンに比べてポンピング損失による燃費悪化が課題になる．ポンピング損失を減らす方法として，以下が挙げられる．

- **リーンバーン**：スロットル開度が大きくなるため，ポンピング損失が減少する．
- **吸気バルブの早閉じ，遅閉じ**：吸気を早く閉じると短い期間で吸気を行う必要があるため，スロットルを開くことになる．また，吸気を圧縮行程の途中まで閉じずに遅く閉じると，いったん吸入した空気の一部を吸気ポート側に戻すことになり，スロットルを開くことになるため，ポンピング損失が減少する．
- **ノンスロットル運転**：連続可変バルブ機構を用いて，スロットルバルブで吸気を絞らずに運転する．
- **気筒休止**：部分負荷（低・中負荷）運転中に気筒休止を行うと，稼働シリンダの負荷が増加するため，稼働シリンダのスロットルが開き，ポンピング損失が減少する．
- **EGR**：EGRを吸気管に導入すると，吸気圧が回復してポンピング損失が減少する．

(3) 時間損失

　火花点火から燃焼完了までにはある程度の時間を要するため，その間にピストンは移動し容積が変化する．その結果，図5.3の p–V 線図に示す ③ に相当する領域が失われる．この面積が失われた仕事であり，これを時間損失とよぶ．時間損失を減らすためには，等容受熱になるように燃焼することが必要である．つまり，燃焼期間を短期化することが求められる．低負荷時のガソリンエンジンは，吸気絞りにより新気の吸入量が減るため，その分前のサイクルの残留ガスが増加しやすい傾向にある．残留ガスの組成の主成分は二酸化炭素，水，窒素なため，燃焼速度自体が低下し，結果として時間損失が増大する．EGR（5.3.3項参照）を与えた条件においても，火炎伝播速度が低下して時間損失が増大するおそれがある．

　これらの条件での時間損失の低減を行うために，低負荷時に吸気バルブリフトを低下させたり，吸気2弁のうち片方のバルブを休止して燃焼室内に横渦（スワール流）を形成する方法や，ポートの一部を塞いだり，吸気ポート形状を工夫したりして吸気流速を上げることでシリンダ内に縦渦（タンブル流）を形成する方法など，火炎伝播速度を増加させて等容度を高く保つ対策が施される．

(4) 排気吹出損失（ブローダウン損失）

通常，次のサイクルへのガス交換に備えて，膨張下死点に至る前に排気バルブを開く．このとき，燃焼室内のガスが排気バルブから吹き出す．これをブローダウンという．ブローダウンとともに燃焼室内圧力が低下し，図示仕事が減少する．これを排気吹出損失（ブローダウン損失）という．

排気吹出損失のため，図 5.3 の p–V 線図に示す ④ に相当する面積が失われる．これらの損失を減らすためには，基本的には次の考え方が重要である．

● 燃焼期間の長期化の防止

上死点後の適正な時期に適正な燃焼期間で燃焼を完了することで，膨張行程で多くの図示仕事を取り出すことができる．ピストンの膨張仕事に変換されるエネルギーが多いほど排熱 Q_2 が減るため，結果的に排気温度と排気圧力は低くなる．つまり，排気吹出損失が減少する．図 5.10 に，燃焼期間が短い場合と長い場合の p–V 線図を模式的に示す．燃焼期間が長い条件では，より遅い時期まで比較的緩慢な熱発生を続けるため，上死点付近で有効な図示仕事に変換されず，その分排気バルブが開く時期の圧力が高くなる．その結果，排気吹出損失が増大する．

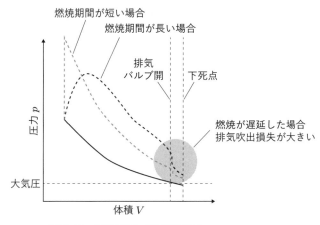

図 5.10 遅延燃焼と排気吹出損失

● バルブタイミング（排気バルブの開き時期）の適正化

膨張行程においては，排気バルブの開き時期が早いほど排気吹出損失が大きくなる．しかし，排気バルブの開き時期が遅すぎてもデメリットが生じる．

図 5.11 に，排気バルブの開き時期が排気吹出損失と排気押出仕事（排気に必要な仕事）に及ぼす影響を模式的に示す．図 (a) のように，排気バルブの開き時期を下死点に近づけると排気吹出損失が減る．しかし，ブローダウン時にシリンダ内の圧力が

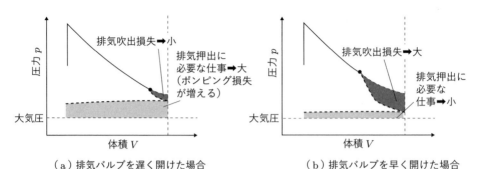

図 5.11 排気バルブの開き時期が排気吹出損失と排気押出仕事に及ぼす影響

低下しにくくなるため，排気行程時のシリンダ内圧力が高くなる．つまり，高いシリンダ内圧力に打ち勝って排気行程を行う必要があるため，排気押出仕事が増える．結果，ポンピング損失が増える．一方，図 (b) のように排気バルブの開き時期を早めすぎると，排気押出仕事は減るが排気吹出損失が増大する．

　そのため，排気バルブの開き時期は，排気吹出損失に相当する仕事と排気押出仕事の和が最小になるように適正に設定するのが好ましい．その他，排気行程終了時のシリンダ内圧力が高い場合，残留ガスの量と温度の増加による充填効率の低下，ノッキングの発生などのデメリットも生じる．つまり，エンジンの運転状態によって，適正な排気バルブの開き時期は変化する．

● **高膨張比化**

　上記のように，排気バルブの開き時期を遅くするほど，有効な膨張行程が長くなるため排気吹出損失が減少するが，ポンピング損失が増加する．

　そこで，膨張行程を圧縮行程よりも長く確保し，できるだけ膨張仕事に変換する方法がある．これを，高膨張比サイクルとよぶ．つまり，圧縮比よりも膨張比を高くすることで多くの仕事を取り出そうとするものである．膨張比を大きくすることで，膨張行程中に取り出せる仕事が増え，排気吹出損失が減少する．

　高膨張比を実現する方法については，2.2.4 項 (1), (2) を参照されたい．

(5) 未燃損失（不完全燃焼）

　図示熱効率および正味熱効率の基準となる「与えた熱量 Q_1」は，供給した燃料が完全燃焼した際に低位発熱量 H_u を熱として放出するとしたものである．実際には，供給した燃料のすべてが完全燃焼するわけではない．壁面近傍の消炎層，ピストン頭頂部（トップランド）とシリンダのすきま，ピストンリングの合口すきまなどにある混合気は，完全には燃焼しない．そのため，実際に燃焼室内で熱に変換される熱量 Q_{actual}

と供給熱量 Q_1 を比べると，$Q_\text{actual} < Q_1$ になる．これによって図示熱効率と正味熱効率が低下することを，未燃損失という．また，次式で表される Q_actual と供給熱量 Q_1 の比を燃焼効率 η_b という．

$$\eta_b = \frac{Q_\text{actual}}{Q_1} \tag{5.4}$$

リーンバーンや EGR を行うと燃焼温度が低下して冷却損失が減るが，過度のリーン化や大量の EGR により燃焼温度が低下しすぎると，燃料が不完全燃焼を起こして未燃損失が増大する．とくに，予混合火炎伝播燃焼を行う火花点火機関では，燃焼温度の低下によって火炎伝播速度が低下し，膨張行程の後半まで燃焼が遅延するようになると，膨張によるシリンダ内温度の低下もあいまって不完全燃焼が起こりやすくなる．過度に燃焼が遅くなると，完全燃焼に至る前に排気バルブが開き，不完全燃焼となる．同じ理由で，低負荷の条件のほうが燃焼温度が低いため，未燃損失が増加する傾向にある．このような条件では，時間損失および排気吹出損失の増加にもつながるため，燃焼期間の短期化を行うことが重要になる．

拡散燃焼を行うディーゼル機関（圧縮着火機関）では，噴霧された燃料が周囲空気と拡散混合して燃焼に適した条件の混合気を形成した部位から燃焼が行われるため，火花点火機関に比べて低負荷時における燃焼効率の低下量は小さい．

(6) 機械摩擦損失

上述の (1)〜(5) の損失によって，作動ガスがピストンに行う仕事である p–V 線図の面積（図示仕事 W_i）が決まる．図示仕事が出力軸での仕事（正味仕事 W_e）に変換される過程で，エンジンの各所で生じる摩擦や補器類の駆動仕事によって損失が生じる．これを機械摩擦損失という（機械損失，摩擦損失，フリクションロスなどともいう）．具体的には以下の構成要素によってもたらされる．

- ・クランクシャフト，カムシャフトなどの軸受摩擦
- ・ピストンおよびピストンリングとシリンダとの摩擦
- ・カムとカムフォロア間などの動弁系の摩擦
- ・オルタネータ，ポンプ，ディストリビュータなどの補機類の駆動

図 5.12 に，モータリング法によって測定した各部位の摩擦平均有効圧力（摩擦によってもたらされる駆動トルクをモータリング運転で測定し，それを平均有効圧力表示にしたもの）を示す．本来，ポンピング損失は図示仕事（p–V 線図の左回りの領域）に含まれているが，非燃焼のモータリング運転においても吸排気動作はなされるため，それに伴って生じるポンピング損失も図には含まれている．

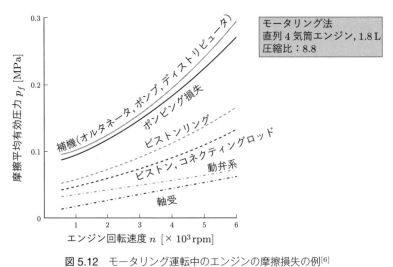

図 5.12　モータリング運転中のエンジンの摩擦損失の例[6]

　全体として，回転速度（回転数）が上昇すると摩擦平均有効圧力が増大している．つまり，高回転領域では機械摩擦損失の増大による正味熱効率の低下が起こる．

　図において，動弁系以外は回転速度の増加に伴い摩擦平均有効圧が増大している．これは，潤滑状態の違いによるものである．一般に，オイル潤滑された摺動部の摩擦係数 μ は，潤滑油の粘度 η，摺動速度 V，荷重 F によって**図 5.13** に示す**ストライベック曲線**で整理される．

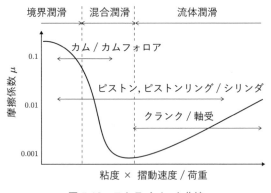

図 5.13　ストライベック曲線

　ここで，**境界潤滑**とは，接している二つの摩擦面がきわめて薄い分子膜で潤滑されている状態である．接触面には多かれ少なかれ表面粗さ R が存在するが，その表面粗さ R と油膜厚さ h が近い状態とみなせる．つまり，2 枚の表面の一部は固体接触する条件であるため，接触部で摩擦係数が高いクーロン摩擦が発生する．

流体潤滑は 2 面間に厚い潤滑油膜が存在する条件（表面粗さ $R \ll$ 油膜厚さ h）であり，境界潤滑に比べて図の摩擦係数が大幅に低下する．流体潤滑の条件で発生する摩擦力 F_f は，次式のニュートンの粘性法則に従い，接触面の面積 A，潤滑油の粘度 η と接触面のせん断速度 dV/dh に比例する．

$$F_f = A\eta \frac{dV}{dh} \tag{5.5}$$

そのため，流体潤滑域では摺動速度の増大によって図の摩擦係数が増大する．

なお，混合潤滑は境界潤滑と流体潤滑の中間の領域であり，弾性流体潤滑などともよばれる．

とくに，低回転速度域でのカムとカムフォロアの潤滑状態は，摺動速度が低く，かつバルブスプリング荷重がかかるため，境界潤滑が主体である．そのため，回転速度の増加により混合潤滑状態に移行するため，動弁系による摩擦平均有効圧力が低下する．ピストンおよびピストンリングとシリンダの摩擦についても，回転速度によって同様の変化が生じるが，さらに，クランク機構による往復運動によって局所ピストン速度がクランク角度ごとに変化する．そのため，ピストンが減速・停止する上死点と下死点付近では境界潤滑に近くなり，局所ピストン速度が増大するストローク中央付近では流体潤滑に近くなる．

この特性を利用したものとして，**図 5.14** に示すような，シリンダのストローク上下部分にミラーボア加工（ボアの鏡面加工）を施し，中央部にディンプル加工を施したシリンダがある．境界潤滑が主となるシリンダの上下部では，ミラーボア加工（鏡面処理）によって表面粗さ R を小さくすることで固体接触部を減らし，摩擦抵抗を減らす．一方，局所ピストン速度が高く流体潤滑が支配的になるシリンダ中央部付近で

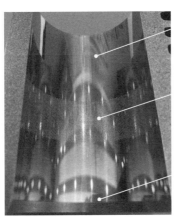

シリンダ上部：ミラーボア加工

シリンダ中央部：ディンプル加工

シリンダ下部：ミラーボア加工

図 5.14 ミラーボア加工とディンプル加工を施したシリンダ

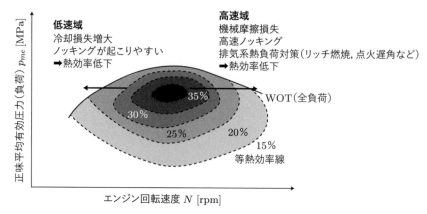

図 5.15 エンジンの熱効率マップ

は，ディンプル加工によって摺動面積を減少させることで，摩擦抵抗を減らす．

図 5.15 に，一般的なガソリンエンジンの各運転領域における熱効率マップ（熱効率等高線）を模式的に示す．

5.2.2 項 (1) で説明したとおり，伝熱時間が長い低回転速度域ほど冷却損失が大きくなる傾向にある．加えて，とくに低回転速度・高負荷域ではノッキングが起こりやすくなるため，点火時期を遅角することなどから熱効率が低下する．

他方で，高回転速度域では機械摩擦損失が増大するため，熱効率が低下する．火花点火 (SI) 機関では，高速ノッキングや後処理装置の加熱防止対策（点火時期，空燃比制御など）も熱効率低下にはたらく．そのため，一般的なエンジンの熱効率は，中回転速度・高負荷域にもっとも高くなる傾向にある．

5.3 熱効率向上技術

前述のとおり，熱効率はさまざまな因子の影響を受けて決まる．ここでは，いくつかの熱効率向上技術を説明する．

5.3.1 高圧縮比エンジン

(1) 高圧縮比化と熱効率

オットーサイクルの理論熱効率は，圧縮比と比熱比を高めることで向上する．しかし，実際のエンジンでは冷却損失や機械摩擦損失などが存在するため，それらの影響を受けて図示熱効率や正味熱効率が決定する．つまり，図 5.16 に示すように，熱効率はオットーサイクルの理論熱効率に比べて低くなる．

図 5.6, 5.7 で示したように，「高圧縮比」「1 シリンダあたりの排気量が小さい」「ショー

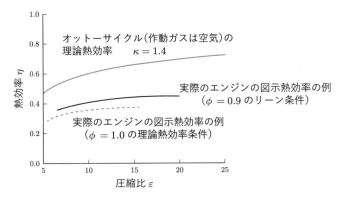

図 5.16 高圧縮比化による熱効率向上

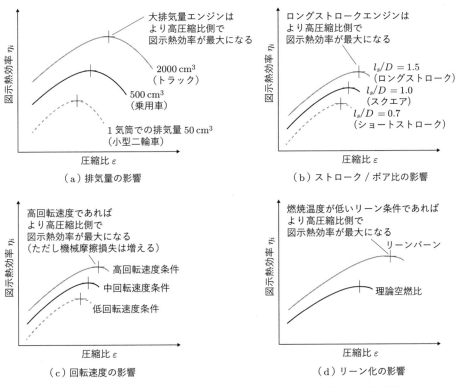

図 5.17 エンジン仕様・運転条件が最高熱効率を示す圧縮比に及ぼす影響

トストローク」という条件であるほど，冷却損失が増える．また，「リーン条件」「EGR
を与えた条件」であるほど低温燃焼により冷却損失が減り，「高回転速度域」であるほ
ど冷却損失が減る．このように，エンジンの仕様や運転条件によって各種の損失の度
合いが変わるため，高い正味熱効率を示す圧縮比は変化する．それらの様子を模式的

に示した図を**図 5.17** に示す.

(2) ノッキングによる高圧縮比化の制約

前述のように,各種損失とのバランスによって最高熱効率を示す圧縮比が決まる.これは,すべての条件で燃焼状態が同じであることを前提とした場合である.実際のガソリンエンジンでは,高圧縮化による異常燃焼(ノッキング)の発生により,運転が制限される.

図 5.18 に,一定負荷(一定の混合気量)・一定回転速度でエンジンを運転しつつ点火時期 θ_{sp} を変化させた際の軸トルクの関係を模式的に示す.図 (a) に示すように,ノッキングが起こらない場合は,点火進角をすると燃焼のタイミング(燃焼圧力が有効にピストンを押すタイミング)が適正値に近づくためトルクと熱効率が上昇する.燃焼時期が最適になるとトルク上昇が頭打ちになり,さらに点火進角を行うと燃焼時期が早すぎるためトルクが低下する.図 (a) 中に★マークで示したのは,最大トルクを得るための最小の点火進角の時期である.これを **MBT** (Minimum advance for the Best Torque) とよぶ.現在の自動車用のエンジンでは点火時期が可変化されており,運転状況に応じて MBT を狙った点火時期に制御している.

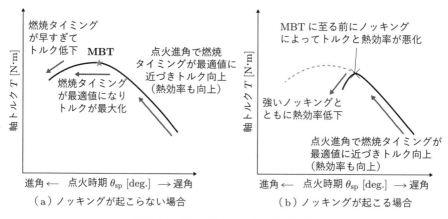

図 5.18 点火進角とノッキングの関係

図 (b) は,ノッキングが起こる条件での点火時期とトルクの関係を模式的に示している.点火時期を進角することでノッキングが発生する場合には,MBT に至る前に騒音や軸トルク低下(熱効率低下)などが起こるため,十分な点火進角を行えず,熱効率の向上が妨げられる.

つまり,高圧縮比化を行うためには,ノッキングの抑制,冷却損失改善,機械摩擦損失改善などの対策が同時に必要になる.

5.3.2 リーンバーン

希薄状態で燃焼を行うことを**リーンバーン**とよぶ．リーンバーンを行うことで，**図5.19** に示すような複数のメリットが得られる．

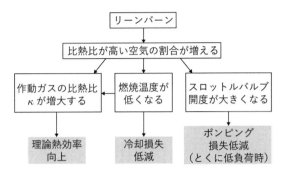

図 5.19 リーンバーンによる熱効率向上原理

一方，リーンバーンを行ううえで，主に以下の課題が存在する．

・安定した伝播火炎の形成が困難になる
・燃焼温度低下で火炎伝播速度が低下し，燃焼期間が長期化する
・燃焼温度低下で未燃炭化水素 (HC)，一酸化炭素 (CO) 排出量が増加する
・三元触媒の浄化効率（とくに窒素酸化物 NOx に対して）が悪化する

リーンバーンによる高効率化を成立させるためには，これらの課題をクリアしなければならない．

図 5.20 に，圧縮比 13 のガソリンエンジンを用いて，負荷一定（図示平均有効圧力 IMEP = 700 kPa），回転速度 2000 rpm 一定の条件で空燃比を変化させた際の燃焼特性の実験結果（複数サイクルのシリンダ内圧力波形を重ねたもの）を示す．この実験では燃料をポート内に噴射しているため，燃焼は予混合条件でのリーンバーンである．リーン条件であるほど火花放電から燃焼完了までの時間が長期化するため，点火時期を進角している．

空燃比 14.7 の理論空燃比の条件において，点火時期を進角させると圧力上昇率の最大値 $(dp/d\theta)_{max}$ が急上昇している．これは，ノッキングが発生しているためである．リーン化とともに，圧力上昇率の上昇を抑えたまま図示熱効率が向上している．これは前述のとおり，リーン化による比熱比増加，燃焼温度低減，スロットルバルブ開度増加によるポンピング損失低減によるものである．

一方で，リーン化とともに，IMEP の変動率 COV$_{IMEP}$ が増加する傾向にある．これは，リーン化によって火炎形成が困難になったことと，火炎伝播速度が低下したた

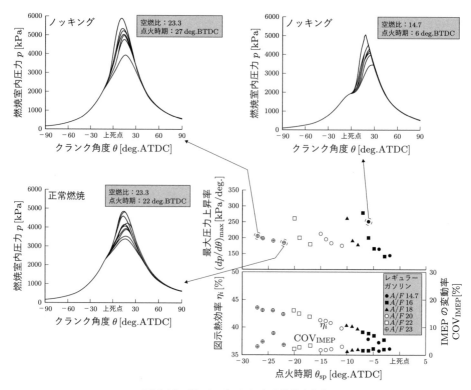

図 5.20 リーンバーンによる熱効率向上

めだと考えられる．リーン条件での高効率化やさらなるリーン化のためには，確実に火炎を形成し，高速で燃焼をさせる技術が必要になる．

5.3.3 EGR（排ガス再循環）

(1) EGR とは

排ガスの一部を吸気に還流して再度燃焼室に導き，吸入される空気量を減少させる手法を，**排ガス再循環** (Exhaust Gas Recirculation: EGR) という（希釈燃焼ともよばれる）．純粋な混合気の主成分は空気と燃料であるが，EGR を与えることで吸気が減少する．それに従って供給される酸素量が減少し，酸素量の減少に伴って燃料量も減少する．したがって，少ない燃料で再循環させた排ガスを含む燃焼室全体の気体の温度を上昇させるため，燃焼による温度上昇が抑制される．また，排気中の成分である二酸化炭素 CO_2，水 H_2O などの三原子分子が吸気に混入する．これらの分子は酸素よりモル比熱が大きいため，温度上昇はさらに抑制される．一例として，一般的な

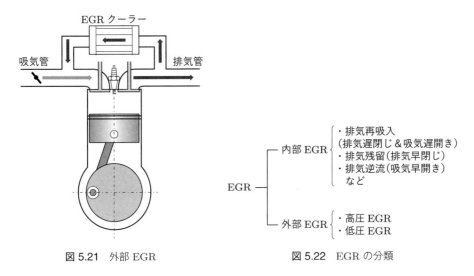

図 5.21　外部 EGR　　　　　　図 5.22　EGR の分類

外部 EGR のシステムを**図 5.21** に模式的に示す.

　EGR を与える方法を**図 5.22** に示す. EGR は外部 EGR と内部 EGR に大別できる. 外部 EGR とは, 図 5.21 で示したように外部の連絡管を用いて排気側から吸気側に排ガスを再循環させる方法である. 内部 EGR は, 外部 EGR のような連絡管を用いずに前のサイクルの燃焼ガス（既燃ガス）を次のサイクルに与える方法であり, 主に吸排気のバルブタイミングの変更によって与える. たとえば, 排気バルブを吸気行程まで開けたまま吸気を開始すれば, 排気側からシリンダ内に既燃ガスが再吸入される（排気再吸入）. また, 排気行程の途中で排気バルブを閉じれば, 一部の既燃ガスを意図的に残留させることができる（排気残留）. さらに, 排気行程途中で吸気バルブを開くと, 排気の一部が吸気に逆流し, その後の吸気行程で残留ガスと新気が吸入される（排気逆流）. このような方法により, さまざまな方法で EGR が与えられる.

(2) EGR の効果

　EGR を与えるメリットと課題には, 主に次のようなものがある.

● EGR によるメリット

　　・不活性な三原子分子の混合により燃焼温度が低下し, 排気中の窒素酸化物 NO_x 濃度が低減できる, 冷却損失が低減するなどの効果がある

　　・スロットル絞り運転を行う部分負荷において EGR を入れると, 負圧であった吸気管内圧力が回復するため, ポンピング損失が低減する

　　・空気によるリーン化の代わりに既燃ガスで希釈することになるため, ガソリンエンジンでは理論空燃比を保ったまま希釈ガスを導入できる. そのため, 三元

触媒システムが使用できる.

● **課題**

・許容値以上の EGR を与えると安定した初期火炎形成が困難になり,また,その
後の火炎伝播速度も低下する.そのため,等容度の低下,燃焼変動の増加,未
燃 HC, CO の増加,失火を招く.

以上のように,基本的には空気の代わりに既燃ガスで薄めることになるため,リー
ン化と同様にポンピング損失低減,冷却損失低減などのメリットを得ることができる.
リーン化との違いは,理論空燃比を保つことができるので三元触媒システムによる排
気後処理が可能であることが挙げられる.

自動車用のガソリンエンジンなどでは,排気中の窒素酸化物 (NOx) 濃度を低下さ
せる目的のほかに,ポンピング損失と冷却損失低減のために EGR が活用されている.
ガソリンエンジンにおける EGR の課題は,リーン化の場合と同様に,安定した点火
と火炎伝播を維持することである.ガス流動の強化,点火システムの工夫,バルブタ
イミングの工夫,筒内直噴の活用などさまざまな方策により,多量の EGR を与えた
条件でエンジンが成立するような技術開発が進められている.

ディーゼルエンジンにおいても,EGR は燃焼温度低減による NOx 濃度低減のため
に用いられるが,それ以外にも,EGR により着火遅れ期間を増大させることで燃焼の
予混合化を促進し,排出される NOx と粒子状物質 (PM) が低減する燃焼を実現する
手段として用いられている(8.2.4 項参照).

(3) 低圧 EGR と高圧 EGR

ターボチャージャー付きのエンジンでは,コンプレッサー以降の吸気管は高圧なた
め,EGR を行う場合,タービン前の高圧な排ガスを導入することになる.これを高圧
EGR (High-Pressure EGR: HP-EGR)という.この場合,タービンで仕事をするべ
きであるタービン前のガスのエネルギーを低下させてしまう.また,コンプレッサー
通過後の高圧な吸気中に排ガスを入れなければならないため,多量の排ガスを再循環
させるのが困難である.そこで,タービン出口以後の低圧な排ガスを取り出し,コン
プレッサー入口の低圧側に再循環させる低圧 EGR (Low-Pressure EGR: LP-EGR)
が利用される.高圧 EGR と低圧 EGR の系統図を**図 5.23** に示す.低圧 EGR を行う
場合,再循環する排ガスはコンプレッサーを通過することになるため,EGR クーラー
で凝縮した水やその他の腐食性物質によって EGR クーラー,EGR バルブ,コンプ
レッサーなどの腐食が起こるため,これらの構成部品の耐久信頼性が課題になる.

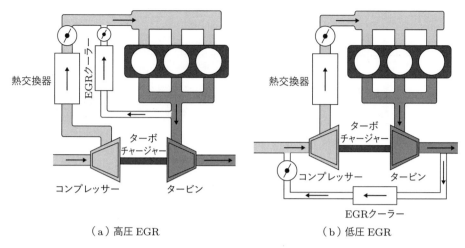

（a）高圧 EGR （b）低圧 EGR

図 5.23 低圧 EGR と高圧 EGR

5.3.4 高膨張比化

　熱力学的に熱効率を上げる基本的な方法の一つは，高圧縮比化である．しかし，SI機関ではノッキングなどの異常燃焼が発生するため，圧縮比の上昇には限度がある．そこで，圧縮比は実用上問題ない値にしたままで膨張比を大きくすることができれば，図示仕事が増えて熱効率が向上する．高膨張比化の方法として，2.2.4 項 (1), (2) で示したアトキンソンサイクルおよびミラーサイクルがある．

5.3.5 予混合圧縮着火 (HCCI) 燃焼

　SI機関の熱効率を向上させるには，高圧縮比化，リーンバーンが有効であるが，ノッキングと不安定燃焼の発生が課題となる．**予混合圧縮着火** (Homogenous Charge Compression Ignition: HCCI) 機関は，火炎伝播燃焼が困難な超希薄な混合気を，高い圧縮比で自着火させる燃焼方式である．

　図 5.24 に SI 燃焼と HCCI 燃焼の火炎写真を示す．HCCI は多点着火により燃焼室内が急速に燃焼していることがわかる．HCCI は自着火で燃焼が進行するため，自着火の時期，急速に進行する自着火燃焼の制御（燃焼期間の制御）等が課題である．そのため，主に低中負荷の定常運転域で使用するのに適する．超希薄燃焼のため，高負荷で運転するためには過給が必要である．

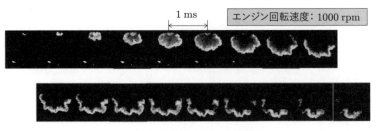

（a）SI 燃焼（火炎伝播燃焼）

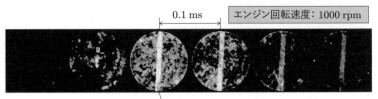

ピストンヘッドに光学測定用の溝があるため
この部分だけ明るく見える

（b）HCCI 燃焼（多点着火によるバルク燃焼）

図 5.24　SI 燃焼と HCCI 燃焼の写真（→ p.ii 動画参照）

演習問題

5.1　冷却損失を減らすために有効なエンジンの運転条件およびエンジン仕様を説明せよ．

5.2　理論空燃比で運転される一般的なガソリンエンジンの図示熱効率は，低負荷領域で大幅に低下する傾向にある．一方で，ディーゼルエンジンでは低負荷時の熱効率の低下度合いはガソリンエンジンほど大きくない．その理由を説明せよ．

5.3　一般に，内燃機関の正味熱効率は中回転速度・高負荷域で高くなり，回転速度が低すぎても高すぎても低下する．この理由を説明せよ．

エンジンの燃料

　本章では，ガソリンエンジンおよびディーゼルエンジンで用いられる基本燃料であるガソリン，軽油などの石油系燃料を中心に，その基本的な性質を解説する．

6.1　石油系燃料

6.1.1　炭化水素

　原油の主成分は**炭化水素** (Hydrocarbon) である．このほかに少量の硫黄 S，窒素 N，金属化合物，酸素化合物などが含まれるが，後述するように，原油を精製して作られる石油系燃料は主に炭化水素である．炭化水素は，パラフィン，オレフィン，ナフテン，芳香族の 4 種に大別される．以下に，それらの成分の特性をまとめる．

(1) パラフィン系炭化水素（アルカン，メタン系炭化水素）

　パラフィン (Paraffins) **系炭化水素**は，**アルカン** (Alkane)，**メタン系炭化水素**などともよばれる．一般式 C_nH_{2n+2} で表され，炭素間の二重結合をもたない飽和炭化水素である．C_1 のパラフィンはメタン CH_4，C_2 はエタン C_2H_6，C_3 はプロパン C_3H_8，C_4 はブタン C_4H_{10}，C_5 はペンタン C_5H_{12}，C_6 はヘキサン C_6H_{14}，C_7 はヘプタン C_7H_{16}，C_8 はオクタン C_8H_{18} である．炭素が一直線上に結合しているものを直鎖というが，C_4 以上のアルカンでは，炭素が直鎖部分から枝分かれして側鎖をもつ異性体が存在する．例として，直鎖のヘプタンである**ノルマルヘプタン**と，側鎖を 3 箇所にもつオクタンである**イソオクタン**の構造を**図 6.1** に示す．ノルマルヘプタンは後述す

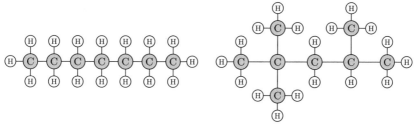

ノルマルヘプタン n - C_7H_{16}　　　イソオクタン$(2, 2, 4$ - トリメチルペンタン$)$i - C_8H_{18}

（a）直鎖パラフィンの例　　　　　　　（b）側鎖パラフィンの例

図 6.1　パラフィン系炭化水素の例

るようにオクタン価（ノッキングの起こりにくさを表す指標）が0の基準燃料であり，イソオクタンはオクタン価100の基準燃料である．なお，イソオクタンの側鎖は，直鎖の端から数えて2番目の炭素に二つ，4番目の炭素に一つあり，その結果直鎖部分はCが5個（ペンタン）になっているため，2,2,4–トリメチルペンタンともよばれる（2番目，2番目，4番目に合計三つ (tri) のメチル基 (CH_3) が側鎖として付いたペンタンという意味）．

(2) オレフィン系炭化水素（アルケン，エチレン系炭化水素）

　オレフィン (Orefins) **系炭化水素**は，**アルケン** (Alkene)，**エチレン系炭化水素**などともよばれる．炭素間の二重結合を一つもつ不飽和炭化水素である．1箇所に二重結合をもつため，そのCに結合していた水素Hが二つ減ることになり，一般式はアルカンに比べてHが二つ減った C_nH_{2n} で表される．例として，C_5 のオレフィンである1–ペンテン C_5H_{10} の構造を**図6.2**に示す．

(3) ナフテン系炭化水素（シクロアルカン）

　ナフテン (Naphthenes) **系炭化水素**は，二重結合をもたない環状の炭化水素であり，**シクロアルカン**ともよばれる．一般式はオレフィンと同じく C_nH_{2n} であり，オレフィンとは構造異性体の関係にある．例として，C_6 のシクロアルカンであるシクロヘキサン C_6H_{12} の構造を**図6.3**(a) に示す．

(4) 芳香族系炭化水素（アロマティック）

　芳香族 (Aromatics) **系炭化水素**は，ベンゼン (C_6H_6) を基本形とする炭化水素である．ベンゼンは，炭素が6員環の環状構造で結合し，その内部に三つの二重結合をもつ．炭素にはそれぞれ一つずつ水素が結合している．ベンゼンの構造を図6.3(b) に示す．ベンゼンの水素がメチル基 (CH_3) に置き換わることでその他の芳香族系炭化水素

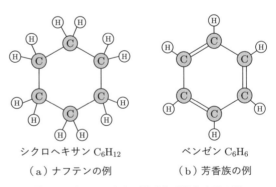

シクロヘキサン C_6H_{12} 　　　　ベンゼン C_6H_6
（a）ナフテンの例　　　　（b）芳香族の例

図6.3 ナフテンおよび芳香族系炭化水素の例

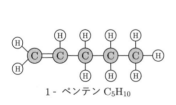

1–ペンテン C_5H_{10}

図6.2 オレフィン系炭化水素の例

になる. 一般式は C_nH_{2n-6} である. たとえば, C_6 がベンゼン C_6H_6, C_7 がトルエン C_7H_8, C_8 がキシレン C_8H_{10} である.

6.1.2 原油の精製

ガソリンや軽油などの液体燃料は, 原油の分留などによって生成される. 図6.4に, 原油の分留過程の概要を示す. 加熱した原油を常圧蒸留装置に導き, 沸点の違いを利用して各温度範囲に分留していく. この処理によって, 沸点が高い順に軽油留分（240～350℃）, 灯油留分（170～250℃）, ガソリン・ナフサ留分（35～180℃）, 石油ガス留分（−41～1℃）に分留される. **常圧蒸留装置**では分留されなかった重い成分（残油）は減圧蒸留装置に導かれ, 減圧下で飽和温度を下げて分留され, 重油, アスファルト, コークスなどが生成される.

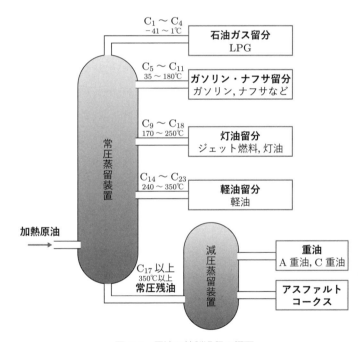

図6.4 原油の精製過程の概要

石油ガス留分は, 液化石油ガス (LPG) として, 主にタクシー, 家庭や店舗用ガスコンロなどで使用される. また, 灯油留分は暖房やジェット燃料として使用される. さらに, 軽油留分はディーゼル燃料として, 重油はディーゼル燃料やボイラー燃料などとして用いられる.

ガソリンについては, 常圧蒸留で生成されるガソリン・ナフサ留分のオクタン価が

70以下と低いため，そのままではガソリンエンジンで用いることができない．そのため，接触改質，接触分解などの二次処理によってオクタン価を高めている．それらについて以下に述べる．

6.1.3 ガソリン基材の生成

(1) 接触改質

接触改質は，ガソリン・ナフサ留分のうちの重質分（重質ナフサ）を原料として，水素雰囲気下で触媒を用いて改質を行う操作である．この操作によって，以下のような改質が行われる．

- ・パラフィンやナフテンの脱水素化による芳香族系炭化水素の生成
- ・パラフィンの異性化
- ・水素化分解

たとえば，オクタン価の低い直鎖のパラフィンから，トルエン（120 RON）などの高オクタン価な芳香族系炭化水素と水素を生成する．

このようにして接触改質で生成されたガソリンを，接触改質ガソリン（リフォーメート）とよぶ．接触改質ガソリンはオクタン価が高い芳香族分を50〜70%程度含有し，全体でのオクタン価は96〜100程度ある．

(2) 接触分解

接触分解は，常圧蒸留装置からの残油や減圧蒸留装置からの減圧軽油などの重質油を原料として，触媒を用いて分解させてガソリンの基材となる軽質分を得る操作である．このようにして接触分解で生成されたガソリンを，接触分解ガソリンとよぶ．接触分解ガソリンはオクタン価が90〜93程度であり，オレフィン分が35〜50%程度と多く含まれることが特徴である．

接触分解は重質油からガソリン基材を生成する反応であるため，重質油が余剰で軽質分が不足するような状況においては，そのバランスを調整するうえでも重要である．

(3) アルキレート

アルキレートは，常圧蒸留装置で生成されるイソブタンと軽質オレフィン（C_3, C_4のオレフィン）を触媒を用いて反応させて生成される．これにより，C_7やC_8の側鎖をもつ飽和炭化水素（イソパラフィン）が得られる．たとえば，イソブタンとオレフィンであるブテンを反応させて，イソオクタンを主体とするガソリン基材が得られる．アルキレートのオクタン価は90〜94程度であり，飽和分であることも特徴である．

(4) 異性化

異性化は，常圧蒸留装置で生成される直鎖の軽質ナフサを触媒を用いて水素加圧下で異性化反応をさせ，側鎖の炭化水素を生成する方法である．異性化で生成されたガソリンを異性化ガソリンとよぶ．たとえば，直鎖のノルマルペンタン（62 RON）を異性化させて側鎖をもつイソペンタン (91 RON) を生成するなどである．

常圧蒸留装置で得られたガソリン・ナフサ留分ではガソリンに要求されるオクタン価の燃料は得られないため，上記のような種々の二次処理を施して生成されたガソリン基材を適正に混合することで，市販のガソリンが製造されている．図 6.5 に，ガソリンの製造工程例を示す．

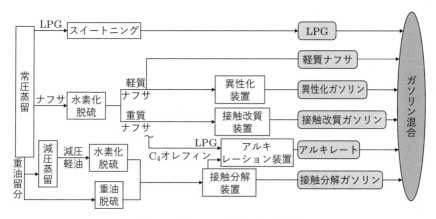

図 6.5　ガソリンの製造工程の例[7]

レギュラーガソリンは軽質ナフサ，接触分解ガソリン，異性化ガソリンを主成分としているのに対し，プレミアムガソリン（ハイオクガソリン）は高オクタン価基材である接触改質ガソリン，接触分解ガソリン（軽質留分），アルキレートガソリンを中心に調合されている．

6.2　ガソリンエンジン用燃料

ガソリンに要求される品質には，オクタン価，揮発性，蒸気圧，密度，成分比率などさまざまな項目があるが，性能にとくに影響を及ぼすのは揮発特性とオクタン価である．

6.2.1　揮発性

単一成分の燃料であれば，沸点は圧力に対して一義的に定まる．一方で，ガソリンは数百種類の炭化水素化合物による混合物である．そのため，沸点が異なる成分が混

合しており，温度の上昇とともに沸点が低い成分から蒸発が起こる．これらの特性を測定する方法として，ASTM (American Society for Testing and Materials: ASTM International) 蒸留法がある．この方法は，図6.6 に示すように，試料を徐々に加熱して温度に対する留出量を調べていくものである．この方法で得られる留出曲線の例を図6.7 に示す．エタノールやオクタンなどの純物質では留出量は温度に無関係で一定になるが，ガソリン，灯油，軽油などの混合物では温度の上昇とともに留出量が増加する．なお，10%の燃料が留出した温度，50%の燃料が留出した温度，90%の燃料が留出した温度をそれぞれ 10%留出温度，50%留出温度，90%留出温度といい，それぞれエンジンの性能に影響を及ぼす重要な因子である．

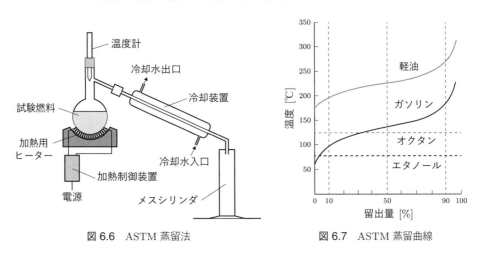

図 6.6　ASTM 蒸留法　　　　　　図 6.7　ASTM 蒸留曲線

● **10%留出温度**

　10%留出温度が低いほど揮発性がよいことになるが，これはガソリンの 37.8 ℃における蒸気圧（リード蒸気圧 (Reid Vapor Pressure: RVP) とよばれる）との相関性が高い．つまり，蒸気圧が高いものほど 10%留出温度が低い．蒸気圧や 10%留出温度はとくに低温始動性に影響を及ぼす．10%留出温度が高い（蒸気圧が低い）場合，とくに冬場では揮発性が不足して始動性の悪化につながる．一方，揮発性が高すぎると，高気温時にガソリン配管などで蒸気が発生して燃料供給に不具合が生じるベーパーロックを起こすおそれがある．

● **50%留出温度**

　50%留出温度は，主に低温から常温域にかけての暖機性や加速性に影響を及ぼす．50%留出温度が高いと，加速時などに供給されたガソリンが十分に気化せず，燃焼室

内の混合気が一時的にリーンになり，加速性が悪くなるおそれがある．

● 90%留出温度

90%留出温度は，高沸点成分に関係している．90%留出温度が高いと，燃焼室内へのデポジットの堆積を促進し，それが要因で不具合を生じる可能性がある．

6.2.2 アンチノック性

ガソリンエンジンは，とくに高負荷域でノッキングが起こりやすい．ノッキングの起こりやすさは燃料の影響を強く受ける．ガソリンエンジン用燃料のアンチノック性（ノッキングの起こりにくさ）を表す指標として，**オクタン価**がある．オクタン価が高い燃料ほどアンチノック性が高い燃料であり，一般には自着火をしにくい燃料である．

(1) オクタン価標準燃料

オクタン価の基準となる燃料を標準燃料 (Primary Reference Fuels: **PRF**) とよぶ．オクタン価標準燃料はイソオクタン（2,2,4-トリメチルペンタン）とノルマルヘプタンである（図 6.1）．イソオクタンは側鎖をもち，自着火しにくいためノッキングを起こしにくい燃料であり，そのオクタン価を 100 とする．一方，ノルマルヘプタンは長い直鎖をもち，自着火しやすくノッキングを起こしやすい燃料であり，そのオクタン価を 0 とする．この 2 種類の燃料を混合した際の体積割合でオクタン価が表される．たとえば，オクタン価 90 の PRF を作るには，イソオクタンを 90vol%，ノルマルヘプタンを 10vol%の割合で混合すればよい．

(2) オクタン価の測定

上記の標準燃料を基準にして，ガソリンなどの任意の燃料のオクタン価を決めることになる．そのためには，決められた条件において試験を行う．燃料のオクタン価には**リサーチ法オクタン価** (Research Octane Number: **RON**) と**モーター法オクタン価** (Motor Octane Number: **MON**) の 2 種類があり，それぞれ試験条件が異なる．

RON と MON は，ともに ASTM-CFR (American Society for Testing and Materials-Cooperative Fuel Research Committee) エンジンとよばれる圧縮比可変のエンジンを用いて測定される．RON と MON の主たる測定条件を**表 6.1** に示す．

RON と MON の測定条件の大きな違いは，回転速度と混合気の温度である．RONは比較的低速かつ低温な混合気で運転した際のノッキング特性を表し，MON は RON に比べるとやや高速かつ高い混合気温度でのノッキング特性を表している．

RON または MON のそれぞれの条件で供試燃料（オクタン価を測定したい燃料）を用いて ASTM-CFR エンジンを運転し，圧縮比を変化させてノッキングが起こる条件

表6.1 オクタン価の試験条件

試験条件	リサーチ法 (RON)	モーター法 (MON)
規格	JIS K 2280-1:2018	JIS K 2280-2:2018
冷却水温	$100 \pm 1.5℃$	RON と同様
機関回転速度	600 ± 6 rpm	900 ± 9 rpm
潤滑油圧力	$172 \sim 207$ kPa	RON と同様
潤滑油温度	$57 \pm 8℃$	RON と同様
混合気温度	—	$149 \pm 0.1℃$
吸入空気温度 *	$52 \pm 1℃$（標準大気圧）	$38 \pm 2.8℃$
吸入空気湿度	$3.56 \sim 7.12$ g H_2O/kg dry air	RON と同様
点火時期	13 deg.BTDC	圧縮比に応じて変化
空燃比	最高ノック強度に調整	RON と同様

* 大気圧によって変化する.

を探る. 次に, 種々の混合割合（オクタン価）の PRF を用いて ASTM-CFR エンジンを運転した際に, 供試燃料と同じ条件でノッキングが起こった場合, そのときの PRF の混合割合から, 供試燃料のオクタン価が求められる. たとえば, RON の条件において市販のレギュラーガソリンのオクタン価を試験したところ, PRF 90.6 で同じノッキング特性を示す場合, そのガソリンのリサーチオクタン価 (RON) は 90.6 である.

(3) 燃料の影響

前述のとおり, RON と MON とでは試験条件が異なるため, 同じ燃料を用いても, RON と MON は異なる場合がほとんどである（定義上, PRF は RON と MON が同じである）. RON も MON も, 燃料の自着火性を代表している指標のため互いに強い相関関係はあるが, 燃料によってはその差が大きくなったり小さくなったりする.

表6.2 に, いくつかの燃料の RON と MON を示す. RON と MON の差は**センシティビティ S** とよばれる. 大まかには, パラフィン系炭化水素はセンシティビティが小さく, それ以外の炭化水素はセンシティビティが正の方向に大きいものが多い. とくに, オレフィンおよびアルコールのセンシティビティが比較的大きい（**図6.8**）.

表6.2 において, 直鎖のパラフィンは, 1, 2, 3 の順に, 炭素数が大きくなると（鎖が長くなると）オクタン価が大きく低下する（これに関する化学反応に基づいた理由は第7章で説明する）. 3 および 5 はいずれも C_7 のパラフィンであるが, 2-メチルヘキサンには側鎖がある. このように, 側鎖が付くことでオクタン価が大きく上昇する. 2 のノルマルペンタンと 12 の 1-ペンテンは, それぞれ C_6 のパラフィンとオレフィンであるが, パラフィンに比べてオレフィンのほうがオクタン価が高い傾向にある. また, 15〜20 に示すように, 芳香族系炭化水素およびメタノール, エタノールのオクタン価は高い傾向にある. 以上のように, 燃料種によっては RON と MON の差が大き

表 6.2 燃料のオクタン価の例

	燃料		RON	MON	センシティビティ S ($S = \mathrm{RON} - \mathrm{MON}$)
1	パラフィン系	ノルマルブタン	94	89	5
2		ノルマルペンタン	62	62	0
3		ノルマルヘプタン	0	0	0
4		イソブタン	100	98	2
5		2-メチルヘキサン	42	46	−4
6		イソオクタン	100	100	0
7	ナフテン系	メチルシクロペンタン	91	80	11
8		シクロペンタン	101	85	16
9		シクロヘキサン	83	77	6
10		メチルシクロヘキサン	75	71	4
11	オレフィン系	1-ブテン	98	80	18
12		1-ペンテン	91	77	14
13		1-ヘキセン	76	63	13
14		ジイソブチレン	105	89	16
15	芳香族系	トルエン	120	104	16
16		エチルベンゼン	107	98	9
17		メタキシレン	118	115	3
18		パラキシレン	116	110	6
19	アルコール	メタノール	106	92	14
20		エタノール	107	89	18
21	実ガソリン *	プレミアムガソリン	99.8	87.5	12.3
22		レギュラーガソリン	90.8	82.6	8.2

* 実ガソリンのオクタン価は成分により異なるため参考値.

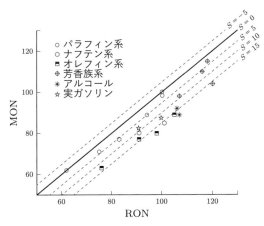

図 6.8 各種燃料の RON と MON の関係

い（センシティビティが大きい）.

日本では，オクタン価の指標として主に RON を用いているが，米国では RON と MON の平均値である**アンチノックインデックス** (Anti-Knock Index: **AKI**) をオクタン価指標として用いている.

$$\text{AKI} = \frac{\text{RON} + \text{MON}}{2} \tag{6.1}$$

また，現在の内燃機関の運転条件は RON や MON が作られたときとは異なってきているために，現状のエンジンにおけるアンチノック性に修正する目的として，以下の**オクタンインデックス** (Octane Index: **OI**) が提案されている. ここで，センシティビティ $S = \text{RON} - \text{MON}$ である.

$$\text{OI} = (1 - K) \times \text{RON} + K \times \text{MON} = \text{RON} - KS \tag{6.2}$$

ここで，K は OI が RON 寄りなのか，MON 寄りなのかの重みを表す係数である. $K = 0$ になる条件では RON が，$K = 1$ になる条件では MON がそのエンジンのアンチノック性を表している. 現在の自動車用エンジンにおいては K が 0〜1 の間にあるとは限らず，一般には K は負の値になるといわれている. これは，低温酸化反応とよばれる低温での活発な反応がより起こりやすい条件（低い圧縮開始温度，高い圧縮比，高い吸気圧など）で運転しているためだと考えられる. 低温酸化反応については第 7 章で説明する.

例題 6.1 表 6.2 をもとに，$K = 0.100$ におけるエタノールの OI を求めよ.

解答 エタノールは 107 RON, 89 MON なので，OI は以下のようになる.

$$\text{OI} = (1 - K) \times \text{RON} + K \times \text{RON} = (1 - 0.100) \times 107 + 0.100 \times 89 = 105$$

6.3 ディーゼルエンジン用燃料

ディーゼルエンジンの燃料として，自動車や小型エンジンでは軽油を用いる. 船舶や発電用などの中型・大型のエンジンでは重油が用いられる.

ディーゼルエンジンは，燃料の噴霧により圧縮着火燃焼を行うことから，燃料には次のような性質が要求される.

・良好な自着火特性
・良好な噴霧特性

・適度な揮発性

・適度な粘度と潤滑性

・良好な低温流動特性，低温ろ過性

・エンジン，排気後処理装置への悪影響がないこと

圧縮着火機関の燃焼にとって，とくに重要なのは着火特性である．圧縮着火機関の着火性には，セタン価 (JIS K 2280-4:2013) やセタン指数 (JIS K 2280-5:2013) が用いられる．

● **セタン価**

セタン価は燃料の着火性を表す指標であり，セタン価が高いほど着火しやすい．また，セタン価は**ディーゼルノック**（ディーゼルエンジンにおけるノッキング）の起こりにくさを表す指標でもある．ディーゼルノックは，着火遅れ期間中に燃焼室内に形成された混合気が瞬時に自着火することで発生する．そのため，着火遅れ期間が短い（着火しやすい）燃料のほうが，着火遅れ期間に形成される混合気量が減少するためディーゼルノックが起こりにくい．

セタン価は，オクタン価と同様に ASTM-CFR エンジン（副室式単機筒可変圧縮比エンジン）を用いて測定する．標準燃料は，セタン価 100 の燃料として**ノルマルセタン**（ノルマルヘキサデカン）n-$C_{16}H_{34}$，セタン価 15 の燃料として **2,2,4,4,6,8,8-ヘプタメチルノナン**（イソヘキサデカン）i-$C_{16}H_{34}$ を用い，それらの混合燃料のセタン価 CN は次の式で求められる[†]．

$$\text{CN} = (ノルマルセタン\%) + (0.15 × ヘプタメチルノナン\%) \qquad (6.3)$$

これらの標準燃料の構造を**図 6.9** に示す．

● **セタン指数**

セタン価を測定するには，ASTM-CFR エンジンが必要であるが，より簡便に着火性を求める方法として**セタン指数** (Cetane Index: CI) が用いられている．セタン指数は，燃料の性状（密度，蒸留特性）から着火性を求める方法であり，JIS K 2280-5:2013 に規定されている．セタン指数は次式で算出される．

$$\begin{aligned}
\text{CI} = {} & 45.2 + 0.0892 × T_{10N} + (0.131 + 0.901 × B) × T_{50N} \\
& + (0.0523 - 0.420 × B) × T_{90N} + 0.00049 × T_{10N}^2 - T_{90N}^2 \\
& + 107 × B + 60 × B^2
\end{aligned} \qquad (6.4)$$

[†] 以前は，α メチルナフタレンがセタン価 0 の標準燃料として用いられていた．

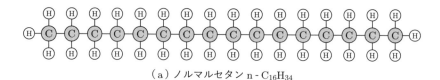

（a）ノルマルセタン n - $C_{16}H_{34}$

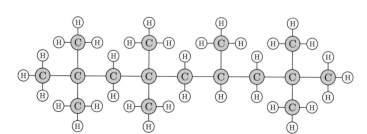

（b）2, 2, 4, 4, 6, 8, 8 - ヘプタメチルノナン i - $C_{16}H_{34}$

図6.9 セタン価標準燃料

ここで，$B = \exp\{-0.0035 \times (1000 \times D_{15} - 850)\} - 1$, $T_{10N} = T_{10} - 215$, $T_{50N} = T_{50} - 260$, $T_{90N} = T_{90} - 310$ であり，D_{15} は密度（15℃のとき）[g/cm³], T_{10} は 10vol% 留出温度 [℃], T_{50} は 50vol% 留出温度 [℃], T_{90} は 90vol% 留出温度 [℃] である．

6.4 その他の燃料

内燃機関に用いられる気体燃料には，天然ガス，天然ガスを主成分として製造される都市ガス，石油から生成される LPG がある．その他，CO_2 排出のさらなる低減のために，水素 H_2, アンモニア NH_3 などの利用も進められている．また，液体燃料として，動植物などの生物資源から作られるバイオ燃料や，CO_2 と H_2 から合成される合成燃料の利用も進められている．

● **天然ガス・都市ガス**

天然ガスの主成分はメタンである．そのため，オクタン価が高く，火花点火機関用燃料としてのアンチノック性は高い．天然ガスは，メタンのほかに C_2 以上の炭化水素を含んでいる．また，豊富な埋蔵量があるのに加えて，発熱量あたりの CO_2 排出量が低い．

天然ガスは，産地によって成分が異なるため発熱量も変わる．そこで，発熱量 $46.0\,\mathrm{MJ/(N \cdot m^3)}$ が一定になるようにしてプロパン，ブタンなどを加えたものを都市ガス（13A など）という．天然ガスの多くは，液化天然ガス (Liquefied Natural

Gas: LNG) として輸入される．自動車などの燃料として用いる際には，高圧タンク内に 20 MPa 程度の圧力で充填して，圧縮天然ガス (Compressed Natural Gas: CNG) として用いられる．

● **液化石油ガス (LPG)**

液化石油ガスは原油の蒸留で発生した軽質の気体成分であり，主にプロパン，ブタンなどの C_3, C_4 の炭化水素からなる．加圧すると容易に液化するため，液化石油ガス (Liquefied Petroleum Gas: LPG) とよばれる．液化状態にてボンベ内に貯蔵すれば比較的多くの発熱量を低圧のボンベで貯蔵・輸送できる．天然ガスに比べて炭素数が多い炭化水素が主体のため，天然ガスや都市ガスに比べるとオクタン価が低く，ノッキングが起こりやすい．

● **水素 H_2**

水素 H_2 は，完全燃焼させると水 H_2O を生成する．分子内に炭素を含まないため，燃焼時に CO_2 を発生させない燃料である．高負荷時など，高温で燃焼させると NOx が生成されるため，その対策が必要である．可燃範囲が炭化水素に比べて非常に広く，最小点火エネルギーが小さく燃焼速度も大きい．そのため，高負荷時にはバックファイア，急激な燃焼，ノッキング，NOx の発生などが課題になる．水素は，以下のようにさまざまな方法で生成される．

・**グリーン水素**：再生可能エネルギーから水電解で生成する．
・**グレー水素**：石炭，天然ガスなどの化石燃料を改質して精製する．この場合，水素製造時に CO_2 が排出されるため，グレー水素とよばれる．
・**ブルー水素**：化石燃料から水素を生成した際に生じる CO_2 を回収して地中に貯留したり (Carbon dioxide Capture and Storage: CCS)，あるいは利用したりする (Carbon dioxide Capture Utilization and Storage: CCUS) ことで，大気への CO_2 排出量を減らした水素をブルー水素とよぶ．

● **アンモニア NH_3**

アンモニア NH_3 は，水素と窒素からハーバー・ボッシュ法で合成される．炭素を含まない燃料であることから，水素エネルギーのキャリアとして着目されている．アンモニアを直接内燃機関で燃焼させるための研究開発もなされている．アンモニアは層流燃焼速度が炭化水素の 5 分の 1 程度，最小点火エネルギーが炭化水素の 5 倍程度であり，単独で安定して燃焼させることが困難である．また，毒性が高いことや，燃料に N を含むためフューエル NOx（9.2.3 項参照）が生成されることなどへの対応も必要である．

● **バイオ燃料**

動植物由来のバイオマスから製造される燃料をバイオ燃料とよぶ. とくに, 内燃機関で用いられる液体燃料としては, バイオエタノールやバイオディーゼル燃料が挙げられる. エタノールはオクタン価が高く引火性も良好なため, 主に SI 機関の代替燃料として有効である. バイオディーゼルは, 植物油や廃食油等をメチルエステル化することにより生成される, 着火性の良好な高級脂肪酸を基本構造とする燃料である.

● **合成燃料**

合成燃料とは, 二酸化炭素 CO_2 と水素 H_2 から炭化水素を合成したものを指す. 再生可能エネルギーで生成した H_2 と, 回収してきた CO_2 を合成することで, カーボンニュートラルな合成燃料 (e-Fuel) を製造し, 内燃機関用燃料に用いる研究開発が進められている.

上記のような環境にやさしい燃料は総じて高コストであることから, これらの燃料を普及させるうえでは, その使用量を極限まで削減する省エネルギー化が必須である. よって, 内燃機関の熱効率の向上が今後も重要な役割をもつと考えられる.

演習問題

6.1 オクタン価とは何か説明せよ.

6.2 リサーチ法オクタン価とモーター法オクタン価の主な違いを説明せよ.

6.3 オクタン価 91 のオクタン価標準燃料 (PRF) を調合する方法を説明せよ.

6.4 センシティビティとは何か説明せよ. また, センシティビティが小さい燃料はどのような特性をもつのかを説明せよ.

6.5 ある炭化水素のオクタン価を測定したところ, RON が 98.0, MON が 80.0 であった. この燃料のアンチノックインデックス AKI, センシティビティ S, $K = 0.200$ におけるオクタンインデックス OI を求めよ.

6.6 セタン価とは何か説明せよ.

6.7 15 ℃での密度が $D_{15} = 0.895\,\text{g/cm}^3$, 10vol%, 50vol%, 90vol%における留出温度がそれぞれ $T_{10} = 208.0\,℃$, $T_{50} = 278.2\,℃$, $T_{90} = 346.5\,℃$のとき, この燃料のセタン指数を求めよ.

 **ガソリンエンジンの燃焼**

ガソリンエンジンでは，火花点火によって予混合気中に火炎伝播が発生して燃焼が進行する．そのため，点火による初期火炎の形成，限られた時間で燃焼室内の混合気を完全燃焼させるための適正な火炎伝播燃焼が求められる．条件によってはノッキングなどの異常燃焼が発生するため，それを回避することも必要である．本章では，ガソリンエンジンの燃焼の中でとくに重要な過程である点火，火炎伝播，異常燃焼について説明する．

7.1 ガソリンエンジンの点火と燃焼現象

ガソリンエンジンに代表される火花点火機関は，点火プラグの電極間に発生させた電気火花放電によって混合気に点火し，初期火炎を形成する．

図 7.1 に，火花点火から火炎伝播燃焼に至る過程の燃焼室内を撮影した例を示す．写真の上部にある点火プラグの電極間に火花放電が形成されて火炎核が生じ，やがて伝播火炎となり，予混合気中を伝播している．

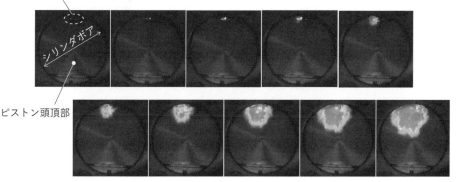

図 7.1　火花点火機関の点火・燃焼過程の例（→ p.ii 動画参照）
（機関回転速度 1000 rpm，撮影速度 毎秒 2000 コマ）

7.1.1　点火装置

　火花点火機関の点火系は，高電圧を発生させるための**点火装置**（点火コイル，電流遮断部），プラグケーブル，点火プラグ，点火時期制御部などで構成されている．基本的な点火装置として，**電流遮断式点火装置（バッテリー点火方式）**の構成を**図 7.2** に示す．

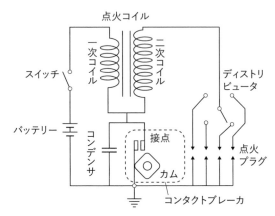

図 7.2　電流遮断式点火装置（バッテリー点火方式）の概要[8]

(1) 点火装置の動作

　巻き数比 1:100 程度の一次コイルおよび二次コイルを用いて二次側に高電圧を発生させ，点火プラグギャップ間に放電を行う．点火装置の動作機構を以下に記す．

- ① **一次コイルへの通電**：コンタクトブレーカの接点が閉じると，12 V バッテリーによって一次コイルに通電が行われる．
- ② **コンタクトブレーカ遮断**：点火時期（放電開始時期）になると，カムがコンタクトブレーカの接点を開き，一次電流が遮断される．その結果，相互誘導作用によって二次コイルに高電圧（15～35 kV 程度）が発生し，点火プラグギャップ間に放電が行われる．

　なお，多気筒エンジンにおいては，一つの点火コイルから発生した高電圧を各気筒に分配するため，**ディストリビュータ**という装置が用いられてきた．ディストリビュータとは，接点がカムシャフトと同期して回転することで，圧縮行程にある気筒の点火プラグに機械的に配電する装置である．現在は，気筒ごとに点火コイルを設けた方式が一般的となっている．

　また，図で示した点火回路において，コンタクトブレーカは機械的な接点（ポイン

ト）であり，接点の摩耗などの耐久性に課題がある．また，高回転速度域ではポイントの接続時間が短くなり，二次電圧が低下する．それを改善するために，コンタクトブレーカをトランジスタによるスイッチング回路に置き換えたトランジスタ型点火装置が用いられる．

(2) 高電圧発生の原理

　コイルに電流を流すと磁界が発生するが，その磁界が変化するとき，磁界の変化を妨げる方向に誘導起電力が発生する．これをレンツの法則という．そして，コイルに生じる誘導起電力 V [V] は，コイルを貫く磁束 Φ [Wb] の時間変化率に比例する．これをファラデーの法則とよぶ．また，生じる磁束は電流 i [A] に比例するため，その比例定数を自己インダクタンス L [H] とすれば，誘導起電力 V [V] は式 (7.1) で表される．

$$V = -\frac{d\Phi}{dt} = -L\frac{di}{dt} \tag{7.1}$$

　自己インダクタンス L のコイルに電圧 V で電流 i が dt 秒流れるとき，なされた仕事 dW は次式になる．

$$dW = Vidt \tag{7.2}$$

式 (7.2) に式 (7.1) を代入すると，次式になる．

$$dW = Lidi \tag{7.3}$$

　これを積分すれば，電流が 0 から I まで変化した際にコイルに蓄えられるエネルギー W が次式で示される．

$$W = \int_0^I Lidi = \frac{1}{2}LI^2 \tag{7.4}$$

　図 7.2 で示した点火装置系統の等価回路を**図 7.3** に示す．図 7.2 においては一次側，二次側ともに抵抗器が入っていないが，回路の等価抵抗として R_1, R_2 の抵抗があるとする．また，図 7.2 においては二次側にコンデンサが入っていないが，二次コイル

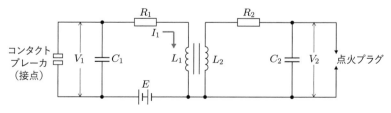

図 7.3　バッテリー点火方式の等価回路[9]

や導線部などに静電容量が存在するため，コンデンサ C_2 をもつとする．このようにして点火装置の等価回路が示される．

① 一次コイルへの通電

コンタクトブレーカ（回路の接点）を閉じると一次コイルに電流が流れる．これはRL回路なので，その過渡応答で示される電流 I_1 の時間 (t) の履歴は次式になる．これらの関係を，**図 7.4**(a) の領域 ① に模式的に示す．

$$I_1 = \frac{V_1}{R_1}\left\{1 - \exp\left(-\frac{R_1 t}{L_1}\right)\right\} \tag{7.5}$$

一次コイルに蓄えられるエネルギー E_1 は，式 (7.4) で示したように，

$$E_1 = \frac{1}{2}L_1 I_1^2 \tag{7.6}$$

となる．よって，機関回転速度が高くなると一次電流が飽和する前に点火を行うことになり，放電エネルギーが減少する場合がある．

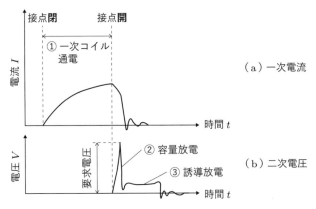

図 7.4　バッテリー点火方式における一次電流と二次電圧の挙動[10]

② コンタクトブレーカ遮断

点火タイミングになるとコンタクトブレーカが開き，回路が遮断される．その際，二次コイルにも相互誘導作用により起電力 V_2 が発生する．

一次コイルと二次コイルとで生じる磁束および磁束の変化が同じであれば，一次コイルの巻き数を N_1，二次コイルの巻き数を N_2 とすると，一次側の電圧 V_1 と二次側の電圧 V_2 の関係は次式で表される．

$$V_2 = V_1 \frac{N_2}{N_1} \tag{7.7}$$

つまり，一次コイルと二次コイルの巻数比に比例して二次側に高電圧が発生する（一般に，点火電極間に放電が生じなければ15〜30 kVの電圧が発生する）．

二次コイルで発生した高電圧が点火プラグの電極間に印加されると，やがて絶縁破壊を起こす電圧 V_b（要求電圧）になり，絶縁破壊が起こる．このとき，二次側の静電容量 C_2 に蓄えられたエネルギーが短時間（1 µs以下）で一気に放出される（図7.4(b)の ② の領域）．これを容量放電とよぶ．その後，コイルに蓄えられていたエネルギーが放出されるが，その電圧は数百V程度と低く，持続時間は数ms程度である．これを誘導放電（グロー放電）とよぶ（図7.4(b)の ③ の領域）．このように，バッテリー点火における放電は容量放電と誘導放電の組み合わせになっており，これらは合成火花などとよばれる．一般的な点火コイルを用いた場合，合成火花による放電エネルギーは数十mJ程度である．

一般に，全体の放電エネルギーに占める容量放電の割合は10%程度で，残りの90%程度が誘導放電で放出される．容量放電は，放電部に活性化学種とともに熱エネルギーを供給することで高温部をもたらし，火炎核を形成する役割をもつといわれている．その後の誘導放電は火炎核の保持と成長を支援し，自立伝播可能な火炎（伝播火炎）が形成される．なお，放電電圧や容量放電と誘導放電の割合は，点火時における燃焼室内の雰囲気条件や回路の仕様などで変化する．

エネルギーのロスがないと仮定すると，一次コイルに蓄えられたエネルギーと一次側および二次側の静電容量の関係は次式になる．

$$\frac{1}{2}L_1 I_1^2 = \frac{1}{2}C_1 V_1^2 + \frac{1}{2}C_2 V_2^2 \tag{7.8}$$

式 (7.7) を式 (7.8) に代入して二次電圧 V_2 を求めると，次式になる．すなわち，二次コイルで発生する最大電圧は一次遮断電流 I_1 に比例する．

$$V_2 = I_1 \sqrt{\frac{L_1}{C_1 \left(N_1/N_2\right)^2 + C_2}} \tag{7.9}$$

図7.5に，一次コイルへの通電時間を変化させた際の放電エネルギーの時間履歴を自動車用の点火コイルを用いて計測・解析した例を示す．図から，一次コイルへの通電時間が増大するほど放電エネルギーも増大していることがわかる．なお，放電エネルギーは1 ms程度で飽和しており，この間が放電が行われている領域である．

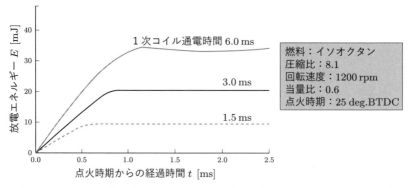

図7.5 一次電流の通電時間を変化させた際の放電エネルギーの時間経過の挙動[11]

(3) 火花放電に要求される電圧

電極間に容量放電をするのに要求される電圧 V_b（要求電圧）は次式の**パッシェンの法則**で表され，電極間距離と燃焼室内圧力の積に比例する．

$$V_b = f(pd) = pd \cdot \alpha + \beta \tag{7.10}$$

ここで，V_b は要求電圧 [kV]，p は燃焼室内圧力 [kPa]，d は電極間距離（点火プラグギャップ）[mm]，α は比例定数 [kV/(kPa·mm)] である．また，β は定数 [kV] で，空燃比，電極温度，電極形状などの圧力と電極間距離以外の要因で決まる．

要求電圧に影響を及ぼす因子は複数存在するが，代表的な因子の影響を次に示す．

- **電極間距離**：パッシェンの法則に従い，電極間距離が増大するほど要求電圧が高くなる．
- **放電時の燃焼室内圧力**：パッシェンの法則に従い，高圧であるほど要求電圧が高くなる（高圧縮比，高吸気圧であるほど要求電圧が高くなる）．
- **点火時期**：一般に，点火時期は上死点前のため，進角側ほど放電時の圧力が低くなる．そのため，進角側ほど要求電圧が低下する傾向にある．
- **電極温度**：電極温度が高いほど要求電圧が低下する傾向にある．
- **機関回転速度**：高速であるほど電極温度が高くなりやすいため，要求電圧が低下する傾向にある．
- **空燃比**：リーン側で要求電圧が高くなる傾向にある（燃料濃度の低下，電極温度の低下のため）．
- **EGR**：EGR を与えると，電極温度が低下し要求電圧が高くなる傾向にある．

(4) その他の点火装置

● コンデンサ放電点火 (CDI) 方式

式 (7.5) に示したように，バッテリー点火方式において，一次コイルへの通電にはある程度の時間を要する．そのため，二輪車などの高回転型のエンジンでは一次電流の不足が生じるおそれがある．そこで，**コンデンサ放電点火 (Capacitor Discharge Ignition: CDI) 方式**が用いられる．

CDI 方式では，あらかじめ 400 V 程度に昇圧した電圧をコンデンサに充電し，それを一次コイルに瞬時に流すことで高電圧を発生させる．CDI 方式には，「高回転速度域での二次電圧の低下を防げる」「二次電圧が急峻に立ち上がるため電極の汚損に強い」などの利点がある．一方で，放電時間が短いため，火炎の保持効果が求められるリーン条件時の燃焼安定性は低いとされている．

● マグネット点火装置

マグネット点火装置は，磁石式交流発電機を電源として電流遮断式点火装置と同じ原理で高電圧を得る．この方式ではバッテリーが不要になるため，小型の汎用エンジンなどで用いられている．

7.1.2 点火特性
点火特性に及ぼす各因子の影響を以下に記す．

(1) 電極の影響

図 7.6 に，電極間距離と最小点火エネルギー（混合気に点火するのに必要な最小のエネルギー）の関係を示す．電極間距離が小さくなると最小点火エネルギーが増大する．これは，電極による冷却作用によって火炎核の成長が妨げられるためである．

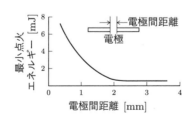

図 7.6 電極間距離と最小点火エネルギーの関係[12]

(2) ガス流動の影響

図 7.7 に，混合気流速が点火限界一次遮断電流（点火に必要な一次遮断電流）に及ぼす影響の実験例を示す．2 本の曲線はそれぞれ点火に至る割合（点火率）100％と 0％の

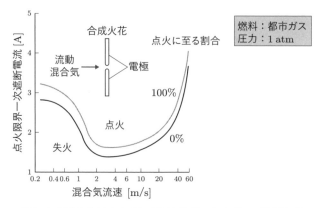

図 7.7　混合気流速と点火に必要な放電エネルギーの関係[9, 13]

一次電流を指している．一次電流が大きいほど放電エネルギーが大きい．図から，混合気流速が低すぎても高すぎても点火に必要な放電エネルギーが増大していることがわかる．混合気流速が低すぎる場合，初期火炎が電極付近で成長するために，冷却作用を受けて点火に必要な放電エネルギーが増大する．一方，混合気流速が高すぎる場合，熱や物質の拡散速度が増加するために，火炎核の成長が困難になるものと考えられている．

図 7.8 に，点火プラグ近傍の流動が弱い場合と強い場合における，点火から初期火炎形成に至る過程の例を示す．下図では反時計回りのスワール流が形成されており，上図ではスワール流がほとんど形成されていない．流動が弱い上図では，火炎が電極を包み込むように成長している．それに対し，スワール流を与えている下図では，火炎がスワール流に流されて電極から離れた位置で成長しているのがわかる．このように，適正な流動を付与することで，点火能力の向上が期待できる．

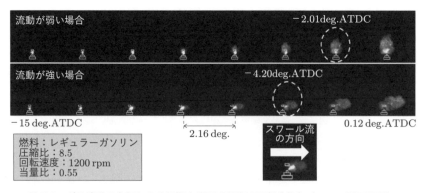

図 7.8　ガス流動の有無による初期火炎形成過程の可視化[14] （→ p.ii 動画参照）

前項で通常の点火コイルでは放電エネルギーは数十 mJ 程度と述べたが，熱効率向上のためにリーンバーンや高い EGR 率での希釈燃焼を行う要求が存在し，これらの要求に対応するため点火エネルギーを増加させる場合もある．また，リーンバーンや EGR を行う条件では火炎伝播速度の低下が起こるため，強いガス流動を与えて適正な火炎伝播速度を維持する手法がとられる．その場合，放電経路が気流に流されて吹き消え，その後再度放電が形成される現象（リストライク）を繰り返す場合がある．図 7.9 に，吹き消えとリストライクを繰り返す条件における電流・電圧波形と電極近傍の高速度撮影写真の例を示す．リストライクまでの時間・その間に投入されるエネルギー・リストライクを含む放電時間などの影響を受けて希薄・希釈燃焼限界性能が変化することから，これらの特性に関する研究が行われている．

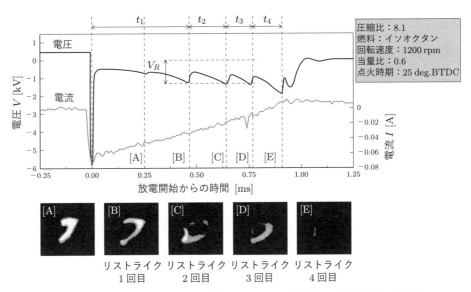

図 7.9 吹き消えとリストライクを繰り返す条件での放電波形と電極部可視化写真[11]
（→ p.ii 動画参照）

(3) 燃料の影響

図 7.10 に，各種燃料における当量比と最小点火エネルギーの関係を示す．炭化水素の最小点火エネルギーは燃料種に依存せずにおおむね一定（0.3 mJ 程度）であることがわかる．また，燃料ごとに異なる当量比で最小点火エネルギーが極小値を示している．極小値を示す当量比は，空気よりも分子量の小さいメタンではリーン側に表れているが，分子量の大きい燃料ほどリッチ側にシフトしている．これは，分子量の違いによる燃料と空気の拡散速度の影響によるものである．

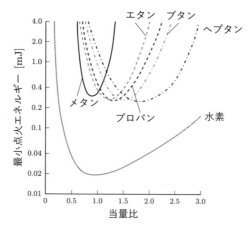

図 7.10　燃料種と当量比が最小点火エネルギーに及ぼす影響[8, 12]

7.1.3　点火プラグ

(1) 点火プラグの構造

　点火プラグの構造を**図 7.11** に示す．点火プラグは，中心電極と外側電極が絶縁碍子で絶縁されている．点火コイルで発生した高電圧（二次電圧）が点火プラグの電極端子に導かれ，スパークギャップ間に放電が行われる．

　前述のとおり，電極間距離は短すぎると冷却作用が生じ，長すぎると要求電圧が高くなりすぎるため，それらを考慮して適正な間隔が設定される．一般には，ガソリンエンジンでは 0.9～1.1 mm 程度である．

　中心電極は，高温の燃焼ガスにさらされることに加え，細いため冷却通路も狭く，高温になりやすい．そのため，材質には耐熱性の高いニッケル系合金が用いられる．ま

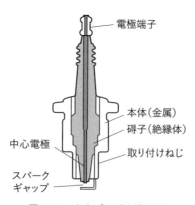

図 7.11　点火プラグの構造[15]

た，電極による冷却作用を低減するには電極を細くすることが有効であることから，そのような点火プラグも用いられている．このような点火プラグではより高い耐久性が要求されるため，電極材料にイリジウム，白金などの合金を用いる．

(2) 点火プラグの熱価

電極の温度が低すぎると，燃料，潤滑油，堆積物などが電極や碍子に付着し，絶縁不良を起こす．一方，電極温度が高すぎると，高温な電極が火種となり，熱面着火などを起こして異常燃焼を招く．そのため，電極の温度は 500〜900 ℃程度の範囲にあることが望ましい．エンジンは幅広い負荷と回転速度で運転されるため，使用するエンジンの運転領域において，上記の温度範囲に収まるような点火プラグの選定および点火プラグ周りの冷却構造の設計が必要である．

点火プラグには，冷えやすさ（**熱価**）が異なるタイプのものがある．**図7.12** に，熱価が異なる点火プラグの冷却経路を模式的に示す．熱価が低いプラグは，図 (a) のように絶縁碍子の表面が燃焼室内の高温なガスに晒される面積が大きく，そこで受けた熱がシリンダヘッド側に逃げにくい構造になっている．そのため，**低熱価プラグ**は温まりやすく，**焼け型**プラグともよばれる．一方，図 (b) に示す**高熱価プラグ**は，冷えやすい構造になっているため中心電極の温度が上昇しにくく，**冷え型**プラグともよばれる．

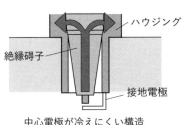

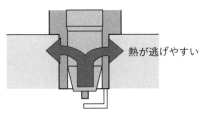

図 7.12　点火プラグの熱価

7.2　ガソリンエンジンの正常燃焼

ガソリンエンジンの燃焼は，予混合気の火炎伝播燃焼で進行する．圧縮上死点付近の限られた時間で燃焼を完了する必要があるが，幅広い回転速度で運転されるため，その時間スケールも大きく変化する．また，EGR やリーンバーンを行う場合においては，火炎伝播速度の低下が課題になる．これらの条件で燃焼を成立させるため，シ

リンダ内のガス流動（乱れ）を有効に活用している.

7.2.1　火炎伝播

点火から初期火炎形成を受けて成長した火炎核は，やがて未燃ガス中を自立して伝播する予混合燃焼形態になる.これを**火炎伝播**とよぶ.伝播する火炎を指して伝播火炎ともよばれる.ガソリンエンジンにおいて，圧縮上死点付近からの適正な期間内に燃焼室内の混合気全体を火炎伝播燃焼させることを，正常燃焼とよぶ.

7.2.2　層流火炎の構造と特徴

図 7.13 に，一次元層流予混合火炎の構造を模式的に示す.未燃ガスは，高温酸化反応（7.4.3 項参照）による活発な化学反応が起こっている反応帯を経由して高温な燃焼ガス（既燃ガス）に至るが，その高温な既燃ガスからの熱移動（熱伝導と考えることができる）によって未燃部が加熱され反応帯入口温度 T_i に達し，次々に反応帯に移行して燃焼が継続する.この加熱される区間を予熱帯とよぶ.また，予熱帯と反応帯を合わせて火炎帯とよぶ.

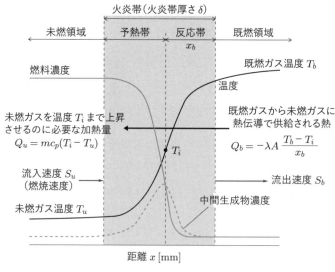

図 7.13　一次元層流予混合火炎の構造

ここで，予混合燃焼の速度に関する用語の意味を整理しておく.

・**火炎伝播速度（火炎速度）**：燃焼している系を外から見た際に火炎が移動する速度を指す.たとえば，シリンダ壁面や点火プラグに対する火炎の移動速度

である.

　・**燃焼速度**：燃焼速度とは，「未燃混合気が火炎面に垂直に流入する速度」「未燃
　　　混合気と火炎面の相対速度」のことである.

　図に示すように，火炎帯に流入する混合気の相対速度 S_u が燃焼速度である. 燃焼後
加熱されて膨張するため，火炎帯からの流出速度は S_b に増大する. 混合気全体が流動
している場合にはその流速も加わる. 通常，燃焼室内には吸気行程や圧縮行程で形成
されたスワール流，タンブル流，スキッシュ流（ピストン上昇時に燃焼室内で押しつ
ぶされる空間から噴出する流動）などのバルクな流れが存在するため，シリンダ壁か
ら見れば，これらを含めた形で火炎の移動が観測される. これが火炎伝播速度である.
　図に示した一次元層流予混合火炎構造をもとに，層流燃焼速度の特性を定性的に考
える. 基本的な考え方として，未燃ガスは既燃ガスからの熱伝導でエネルギーを受け
取り，次々に反応する.

● 未燃ガスが既燃ガスから受け取る熱量 Q_u

　温度 T_u の未燃ガスは，既燃ガスから熱をもらって等圧加熱 $(dp = 0)$ されて反応帯
入口温度 T_i になるので，その加熱量は熱力学第一法則により次式のように表される.

$$dQ = dH - V dp = dH = m c_p dT \tag{7.11}$$

ここで，未燃ガスの密度を ρ_u，火炎面の面積を A とすれば，単位時間あたりに火炎面
に流入する混合気の質量 m は $m = \rho_u A S_u$ である. よって，Q_u は次式となる.

$$Q_u = m c_p \int_{T_u}^{T_i} dT = \rho_u A S_u c_p \int_{T_u}^{T_i} dT = \rho_u A S_u c_p (T_i - T_u) \tag{7.12}$$

● 既燃ガスが熱伝導で失う熱量 Q_b

　高温な既燃ガスのもつ熱量の一部が未燃ガスに熱伝導で与えられると考えると，移
動熱量はフーリエの法則によって次式で表される. このとき，既燃ガスの温度勾配は
直線であると近似する. ここで，λ は熱伝導率，x_b は反応帯の厚さである.

$$Q_b = -\lambda A \frac{dT}{dx} = -\lambda A \frac{T_b - T_i}{x_b} \tag{7.13}$$

● エネルギーのつり合いから燃焼速度を求める

　一次元の層流火炎は時間的に変化しない定常状態であることから，未燃ガスが受
けとるエネルギー Q_u と既燃ガスが失うエネルギー Q_b はつり合っている. つまり，
$Q_u + Q_b = 0$ である. よって，式 (7.12), (7.13) より，次式が成り立つ.

$$\rho_u A S_u c_p \left(T_i - T_u\right) = \lambda A \frac{T_b - T_i}{x_b} \tag{7.14}$$

式 (7.14) より，燃焼速度 S_u は次式で表される．

$$S_u = \frac{\lambda}{\rho_u c_p x_b} \cdot \frac{T_b - T_i}{T_i - T_u} \tag{7.15}$$

式 (7.15) から，予混合燃焼の特性に関する以下の考察が可能である．

- 燃焼温度 T_b が高いほど燃焼速度が高くなる（ガソリンエンジンの火炎伝播速度は，理論空燃比付近（ややリッチ側）で最大となることと一致する）
- 未燃混合気温度 T_u が高いほど燃焼速度が高くなる
- $\lambda/(\rho_u c_p)$ は温度伝導率（熱拡散率）α である．温度伝導率が高く熱の拡散速度が速いほど，燃焼速度が高くなる
- 反応帯厚さ x_b が小さいほど燃焼速度が速くなる．反応帯厚さと予熱帯厚さと火炎帯厚さは比例すると考えられるので，火炎帯厚さが小さいほど燃焼速度が高いともいえる．言い方を変えると，燃焼速度が遅い条件では火炎帯が厚くなる

7.2.3　層流火炎と乱流火炎

　予混合火炎は，層流予混合火炎と乱流予混合火炎に大別できる．層流予混合火炎は，前述のとおり，既燃領域からの熱伝導で未燃領域が加熱されて，次々に燃焼していく構造と考えることができる．飽和炭化水素の着火遅れ期間は分子構造の影響を大きく受けるが，**層流燃焼速度**は分子構造の影響を大きくは受けない．パラフィン系炭化水素であれば，層流燃焼速度は数十 cm/s 程度である．

　このような層流燃焼速度で燃焼させると，高回転速度域では燃焼期間が長すぎて燃焼が成立しなくなる．しかし実際には，適正に点火時期がコントロールされたガソリンエンジンでは，クランク角度で表示した燃焼期間 [deg.] は低速から高速にわたって大きくは変化しない．この理由は，**図 7.14** のように解釈される．すなわち，回転速度に比例して予混合気に生じる乱れが増加して層流火炎から乱流火炎に変化し，反応面（火炎面積）が増大して乱流燃焼速度が増すことで，火炎伝播速度が増加する．その結果，単位時間で燃焼する混合気の質量が回転速度に比例して増大するため，クランク角度で表示した燃焼期間はほぼ一定になる．

　図 7.15 に，乱流レイノルズ数で表した流れの乱れの大きさと，**乱流燃焼速度**の関係を示す．ここで，異なるプロットは異なる燃焼条件であることを表す．乱れが大きくなるとともに，燃焼速度が増大していることがわかる．エンジンにおいては，回転速度の増大によって吸気流速と圧縮速度が増大するために，結果的に回転速度におおむ

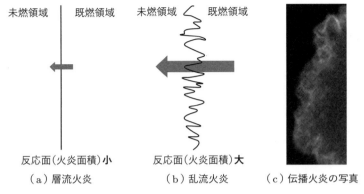

図 7.14　層流火炎と乱流火炎のイメージ

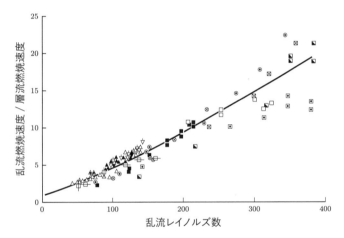

図 7.15　乱流レイノルズ数と燃焼速度の関係[16]

ね比例して火炎伝播速度が増大する．その結果，幅広い回転速度にわたって，クランク角度で表示した燃焼期間はおおむね一定になる．

7.2.4　層流火炎の構造と低温燃焼

図 7.16 に，素反応メカニズムに基づいて計算された一次元層流火炎の構造を示す．図 (a) と図 (b) の違いは EGR の有無である．

燃料と酸化剤は，理論空燃比のプロパン C_3H_8－空気予混合気である．エンジン燃焼室内を想定して，圧力 2 MPa，未燃ガス初期温度 600 K で計算を行っている．

EGR を与えていない図 (a) において，反応が起こると，燃料が急激に消費されつつ温度が上昇し，最終生成物である二酸化炭素 CO_2 と水 H_2O が生成される．その間

CHEMKIN-PRO PREMIX
反応モデル：GRI-Mech Ver.3
燃料：プロパン C_3H_8
圧力：2 MPa
未燃ガス初期温度：600 K
当量比：1.0（理論空燃比）

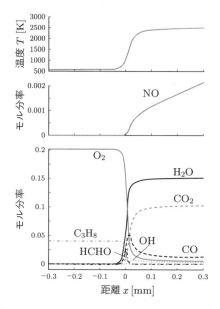

（a）EGR を与えない場合（燃焼温度が高い条件）

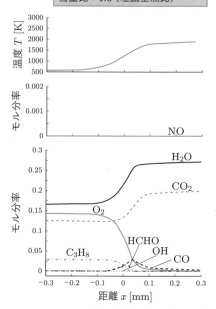

（b）EGR を与えた場合（燃焼温度が低い条件）

図 7.16　一次元層流火炎の構造と EGR の影響（CHEMKIN による数値解析結果）

に，ホルムアルデヒド HCHO，OH ラジカル，一酸化炭素 CO などのさまざまな中間生成物が生成される．この条件では，高温な燃焼ガスの生成に伴い窒素酸化物（サーマル NO，9.2.3 項参照）が発生している．

　燃焼速度は，前述のとおり，高温な既燃領域から低温な未燃領域に与えられる熱量（単位時間あたりに未燃領域に移動する熱量）の大きさで決まる．たとえば，リーンバーンや EGR を行うと，火炎温度が低下するため未燃部に与えられる熱量も低下する．その結果，火炎伝播速度が低下することになる．それを表しているのが図 (b) である．EGR を与えることで燃焼温度が低下した結果，既燃部から未燃部への伝熱量も低下し，火炎帯が厚くなっていく様子がわかる．また，燃焼温度の低下により，サーマル NO の生成量も減少している．

　低温燃焼化は，冷却損失の低減などにより熱効率を向上させる効果がある．一方で，火炎帯厚さの増大や燃焼速度の低下などにより，時間損失の増大（等容度の低下），未

燃炭化水素 HC や CO 排出量の増大，燃焼効率の悪化などの負の影響も起こる．そのため，リーンバーンや EGR による希釈燃焼を行う場合，燃焼速度や燃焼効率の低下を防ぐためにシリンダ内流動の強化や点火系の工夫などが同時に行われる．

図 7.17 および図 7.18 に，EGR を与えていない場合と与えた場合の 2 条件での火炎伝播の写真を示す．このとき，燃料にはオクタン価 90 のオクタン価標準燃料である PRF 90（体積割合で 10%のノルマンヘプタンと 90%のイソオクタンを混合した燃料）を用いた．EGR を与えた図 7.18 の条件では，図 7.17 に比べて火炎伝播速度と

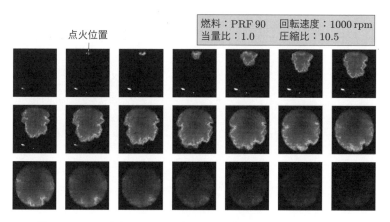

図 7.17　EGR を与えていない条件での燃焼写真（→ p.ii 動画参照）

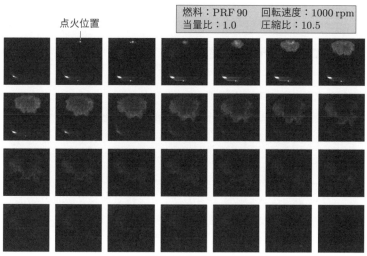

*EGR を与えた場合火炎輝度が低下するため，画像の輝度を上げている

図 7.18　EGR を与えた条件での燃焼写真（→ p.ii 動画参照）

火炎輝度が低くなっていることがわかる．図 7.18 では，火炎伝播が燃焼室内全域で到達する前に火炎の発光領域が消失している．つまり，燃焼室内の一部の混合気は燃焼したが，まだ燃焼が完結していない混合気が残された状態である．これを**部分燃焼**(Partial Burn) とよぶ．

図 7.19 に，EGR 率（シリンダ内のガスに占める排気の割合）に対する層流燃焼速度，最高温度，NO 生成量を素反応数値解析により求めた例を示す．EGR 率の増大により層流燃焼速度と最高温度が低下し，NO 生成量が低下していることがわかる．

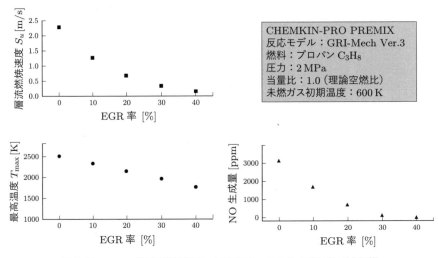

図 7.19 EGR が層流燃焼速度，最高温度，NO 生成量に及ぼす影響

7.3 ガソリンエンジンの異常燃焼

7.3.1 ガソリンエンジンの燃焼の分類

ガソリンエンジン内で起こる燃焼現象の代表的なものを**表 7.1** に示す．点火プラグで形成された伝播火炎が前述のとおりに適正な時間内で燃焼室内の混合気を燃焼させる場合を正常燃焼とよぶが，条件によってはそれ以外のさまざまな現象が発生する．

点火に失敗すれば失火となるが，点火によって火炎伝播が形成されたとしても，未燃ガスが残っている状態で火炎伝播が消失したり，排気バルブが開いたりするなどして部分燃焼で行程が終了してしまうこともある（図 7.18 参照）．

吸気管内で燃焼が起こる現象を**逆火（バックファイア）**とよび，排気管内で燃焼が起こる現象を**アフターファイア（アフターバーン）**とよぶ．

そのほか，異常燃焼としてノッキング，表面着火，過早着火などが挙げられる．

表 7.1　火花点火 (SI) 機関における各種の燃焼現象

正常燃焼	火花放電により形成された火炎伝播が燃焼室内全域に進行し，燃焼が完結する
失火	火花放電をしたにもかかわらず，伝播火炎の形成に至らない
部分燃焼	・未燃ガスが残った状態で火炎伝播が消炎する ・燃焼が遅いために，排気バルブが開くまでに燃焼が完結しない
バックファイア	吸気管内で燃焼が起こる
アフターファイア	排気系（排気ポート，排気管）で燃焼が起こる
ノッキング *	・エンドガスの自着火により生じる異常燃焼 ・点火時期（火花放電の開始時期）によってコントロールできるノッキングをスパークノックとよぶ
表面着火 *	火花放電以外の高温表面（金属表面，燃焼室堆積物など）から燃焼が開始される
過早着火 * （プレイグニッション）	点火時期よりも早くに，表面着火や自着火などで燃焼が開始される

* ノッキング，表面着火，過早着火は完全に独立した現象ではなく，それらが組み合わさっている場合も多い.

7.3.2　ノッキング

　一般に，ガソリンエンジンの**ノッキング**とは，通常の火炎伝播燃焼中に，未燃ガスが自着火し，その領域で局所的に圧力が高い領域（圧力の不均衡）が生じ，燃焼室内に圧力振動が発生する現象のことを指す.

　ノッキングによって，次のような問題が発生する．① 〜③ の順により激しいノッキングが起こっていると考えられ，深刻度合いが高くなる.

① 騒音の発生
② 圧力振動によってピストン，シリンダなどの壁付近の温度境界層が破壊され，冷却損失が増大し熱効率が悪化する
③ ピストンなどの機関部品の損傷が起こる

図 7.20 に，正常燃焼とノッキングの二つの条件における燃焼写真を示す．ノッキングが発生する条件では，写真の上方から下方に向かう火炎伝播が進行中に，下方の未燃ガス（エンドガスまたは末端ガスとよばれる）で自着火が発生した後，急速に自着火が進行し短時間でエンドガスが燃焼している．このとき，燃焼室内において局所的に圧力が高い領域が生じると，圧力波が形成され，シリンダ内を往来する．その結果，ボア，燃焼室形状，燃焼ガスの音速などに応じた特定の周波数の圧力振動が発生する．この圧力振動は，エンジンの騒音を招くとともに，燃焼ガスと燃焼室壁面との熱伝達を活発にして冷却損失の増大と熱効率の低下を招く．最悪の条件ではエンジン

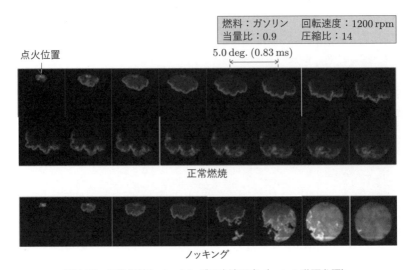

| 燃料：ガソリン | 回転速度：1200 rpm |
| 当量比：0.9 | 圧縮比：14 |

点火位置

5.0 deg. (0.83 ms)

正常燃焼

ノッキング

図 7.20　正常燃焼とノッキングの高速写真（→ p.ii 動画参照）

の破損に至る．そのため，ノッキングが問題とならないようなエンジン設計とエンジン制御が行われている．

7.3.3　異常燃焼の分類

　ノッキングは異常燃焼の一形態である．異常燃焼には，ノッキング以外のさまざまなものがある．**図 7.21** に，CRC (Coordinating Research Council) による異常燃焼の分類を示す．

　この中で，**スパークノック**がもっとも一般的なノッキングである．そのため，単にノッキングとよぶ場合，スパークノックを指すことが多い．スパークノックといわれる理由は，点火時期を遅角することで回避できるためである．そのため，自動車用のガソリンエンジンにおいては，ノッキングの発生を検出するノックセンサを設け，ノッキングの発生を検出した際には点火時期を遅角することでノッキングを回避している．このような対応は当然のことながら熱効率の悪化を招くが，ノッキングが起こりやすい条件（運転条件，燃料性状の変化）において有効にノッキングを避ける手段の一つである．

　スパークノック以外では，火花放電以外の何らかの着火源から燃焼が開始してしまう表面着火や，それらに起因して音の発生や強いノッキングに至る現象など，さまざまなものが知られている．近年，高い過給圧で運転される直噴過給エンジンにおいて，低回転速度・高負荷時に起こるプレイグニッション（低速プレイグニッション，Low-Speed Pre-Ignition: LSPI）が問題になっている．低速プレイグニッションが生じた結果，き

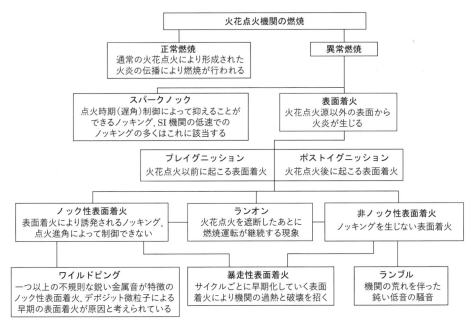

図 7.21　CRC による異常燃焼の分類

わめて強いノッキング（スーパーノック，メガノックなどとよばれる）に至るためである．一般に，点火プラグの熱価が低い場合に電極起因のプレイグニッションが起こることが知られているが，高過給エンジンの低速プレイグニッション現象については，次に示すように，点火プラグ電極以外の要因も複数関係していると指摘されている．

- ・燃焼室内壁面などからから飛散した油滴（ガソリンで希釈された潤滑油など）
- ・燃焼室内に浮遊する固体粒子（飛散して浮遊するデポジットなど）
- ・高温な点火プラグ電極（電極冷却状態が適正でない場合）
- ・点火プラグポケット内での着火
- ・潤滑油に含まれる添加剤の成分による影響

7.3.4　ノッキングの発生領域

図 7.22 に，回転速度と負荷（トルク）で示した運転領域において，異常燃焼が発生しやすい領域を模式的に示す．ノッキングは，基本的に火炎伝播が完了する前に自着火が発生してしまうために起こる．つまり，火炎伝播と自着火の競合によってノッキングが起こるか否かが決まる．

一般に，回転速度を増加させると火炎伝播速度が増大し，より短い時間で火炎伝播

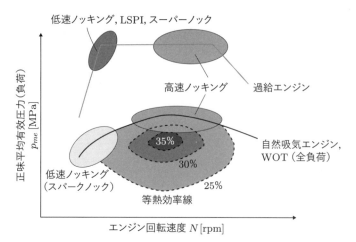

図 7.22 ノッキングの発生領域

供試機関：4ストローク空冷単気筒
燃料：レギュラーガソリン
排気量：172 cm³
圧縮比：8.5

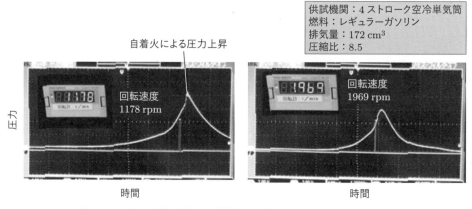

図 7.23 異なる回転速度での燃焼室内圧力波形（→ p.ii 動画参照）

燃焼が完了する（7.2.3 項参照）．そのため，回転速度を上げると自着火に必要な時間が確保されなくなり，ノッキングは収まる傾向にある．

図 7.23 に，異なる回転速度で運転中の燃焼室内圧力波形を示す．回転速度 1178 rpm では，自着火による急激な圧力上昇が認められる．一方で，回転速度を増加させることで，1969 rpm の時点では自着火が収まっていることがわかる．

図 7.22 において低速ノッキングと示しているのは，自着火を起こすのに必要な時間的な猶予があるためスパークノックが発生しやすい領域である．この状態から回転速度を上げると，図 7.23 に示したようにノッキングは収まる傾向にある．しかし，さらに回転速度を上げると再びノッキングが発生することがある．これは比較的高回転速

度領域でのノッキングのため,「高速ノッキング」などとよばれることがある.

7.3.5 ノッキングの発生メカニズム

ノッキングの発生メカニズムについて,古くから次の三つの説が唱えられている.

① 自着火説

ノッキングはエンドガスの自着火(混合気が自発的に着火すること)によってもたらされるという説を**自着火説**という.1930年代,GM (General Motors) のロイド・ウィスロー (Lloyd Withrow) とジェラルド・ラスワイラー (Gerald M. Rassweiler) による可視化エンジンと高速度写真撮影を用いた実験により,エンドガスが自着火する様子が捉えられている.その後の研究もそれを広く支持する結果であり,多くの観測事実などから疑いようのない事実だといえる.この説によって,「エンドガスが自着火する前に火炎伝播を完了させればよい」という,ノック回避の基本的な手段が説明される.つまり,自着火を抑制することは,ノッキング現象を回避するうえでもっとも重要である.

② デトネーション説

デトネーション(爆轟)とは,超音速で進行する燃焼現象を指す.エンドガス中を衝撃波 (Shock Wave) が進行し,衝撃波によって圧縮された混合気が瞬時に自着火し,エネルギーを放ち,衝撃波を維持する.つまり,衝撃波と自着火が相互作用しながら超音速で急激な燃焼を行い,これによってノッキングが引き起こされているという説を**デトネーション説**という.ミラー (Cearcy D. Miller) らによる毎秒20万コマの高速度撮影によって,超音速で進行する火炎が観測されている.

③ 火炎加速説

自着火やデトネーションが発生しなくても,火炎伝播が加速することで圧力振動が発生するという説を**火炎加速説**という.カリー (Shelley Curry) らは,燃焼室内の多点に埋め込んだ電極に電圧を印加しておき,イオン電流計測という手法で火炎の伝播特性を解析した.その結果,エンドガス部で火炎が加速している様子が確認され,この説が唱えられた.軽いノッキングを起こす条件では,自着火やデトネーションが起こらない場合でも,火炎加速が圧力振動を引き起こすのではないかと指摘されている.

以上の三つの説のうち,多くの観測事実からエンドガスで自着火が生じることが確認されたため,自着火説が広く支持されている.しかし,ほかの二つの説が完全に否定されるものではない.たとえば,デトネーション説は,エンドガスが自着火した後にデトネーションに遷移すると考えると,自着火説と矛盾するものではない.

7.3.6 ノッキングの回避法

ノッキングは，エンドガスで自着火が生じ，その自着火領域で強い圧力波が形成されることで生じると考えられる．そのため，それを回避するには以下の対策が基本になる．

① 自着火を起こさない
② 自着火が起こってしまう場合，自着火時の局所圧力波形成を抑える

以上の考え方に基づいたノッキング回避の方法の例を，**表 7.2** にまとめる．

表 7.2 ノッキング回避の考え方

原理	基本対策		具体的な対策例
自着火させない	着火遅れ期間を増大させる		・高オクタン価燃料の使用 ・燃料添加剤の使用 ・エンドガス冷却 ・EGR ・水噴射　　など
	燃焼期間を短期化する	火炎伝播速度を増大させる	・ガス流動強化 ・水素添加 ・燃料性状変更　　など
		火炎伝播距離を短くする	・小ボア化 ・燃焼室のコンパクト化 ・中心点火 ・多点点火　　など
自着火した場合，局所で強い圧力波を形成させない	局所での大きな発熱を避ける		・リーンバーン ・EGR ・水噴射 ・エンドガスに大きな温度分布を形成させる ・自着火時期を上死点から遠ざけた膨張行程に移行させる ・過早着火を防ぐ　　など

7.3.7 高速ノッキングと強いノッキングの発生

高回転速度域で連続したノッキングが起こると，エンジンに致命的なダメージを与えるリスクがある．そのため，高回転速度・高負荷条件では，点火時期を遅角したり，リッチ混合気になるように燃料を噴射し，燃料の気化熱などを利用して冷却してノッキングを回避する手段がとられる（Fuel Cooling などとよばれる）．このような対策は，熱効率や排ガス性能の悪化を招くため最適な手段とはいえない．現在，Real Driving Emission (RDE) をはじめとした実走行条件での高効率クリーン化を実現する技術が

求められており，高回転速度・高負荷域でのノッキングの回避や理論空燃比，または
リーン運転の実現が必要になってきている．

図 **7.24** に，4 ストローク単気筒エンジンで測定された，1400, 2700, 4000 rpm での
ノッキング時の指圧波形を示す．このとき，燃料にはオクタン価 82.6（レギュラーガ
ソリンの MON に相当）の PRF を用いている．図 (a) は横軸をクランク角度として
おり，図 (b) は横軸を実時間（点火時期付近である 40 deg.BTDC の時期を 0 とした
ときの実時間）としている．クランク角度を基準にした場合，回転速度の増加ととも
に自着火時期が遅角していることがわかる．しかし，実時間で見ると，回転速度が増
加すると自着火までの時間が短期化していくことがわかる．つまり，回転速度の増加
によるピストン速度の増加を，自着火までの時間遅れが短時間化する効果が上回るこ
とで，高回転速度域でもノッキングが起こると解釈することができる．

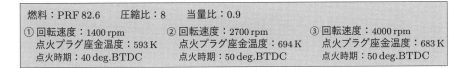

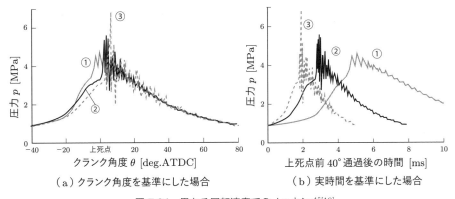

図 7.24 異なる回転速度でのノッキング[18]

以上のように，回転速度によってさまざまな強さのノッキングが起こっている．こ
のとき燃焼室内でどのような現象が起こっているのかを調べるために，ノッキング運
転が可能な可視化エンジンを用いてエンドガスの自着火が成長する過程を高速度撮影
した結果を**図 7.25** に示す．図の左側で火花点火をし，伝播火炎が右方向に進行してい
る．燃焼室内の右端付近で自着火が起こり，その後自着火が左方向に成長していくの
がわかる．これにより，火炎伝播および自着火の進行を疑似的に一次元とみなし，火
炎伝播速度，自着火の進行速度などの解析が可能になる．

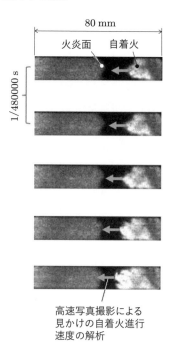

図 7.25　高速ノッキングなどの強いノッキング時のエンドガス自着火成長過程

（A. Iijima, S. Tanaka, H. Kubo, K. Agui, M. Togawa, K. Shimizu, Y. Takamura, M. Tanabe and H. Shoji, International Journal of Automotive Engineering, Vol. 9, No. 1, p.23–30, 2018 より引用）

(1) 比較的弱いノッキングを起こした低速ノッキング時の燃焼可視化

　図 7.24 の $N = 1400\,\mathrm{rpm}$ の条件での燃焼可視化結果を図 7.26 に示す．圧力振動の発生挙動を可視化するために，毎秒 480000 コマの高速撮影を行っている．このケースでは，左から右に向かう火炎伝播の進行中に，右端のエンドガス部から自着火が発生し，伝播火炎が向かってくる左方向に見かけ上伝播するかのように成長している．その後，火炎面と自着火に挟まれた未燃領域（白い円で囲った領域）で輝度が高い自着火が発生した後，未燃領域が急速に燃焼して圧力振動が発生している．右側の図は，これらの燃焼写真を左に 90° 回転させて並べて，時間と自着火成長距離の関係を示したものである．この図の自着火の先端部をつないだ線の傾きが，自着火の進行速度になる．この条件では，自着火の進行速度は 80 m/s 程度であり，常温での音速よりもはるかに低い数値であることがわかる．また，この速度で自着火が進行する条件では，明確な圧力振動は発生していない（圧力振動が発生するのは，前述のとおり，自着火と火炎伝播に挟まれた白い円で囲った領域で高輝度かつ急速な自着火が発生したときである）．つまり，緩慢な自着火だけで燃焼を完了することができれば，自着火が発生したとしてもノッキングには至らないといえる．

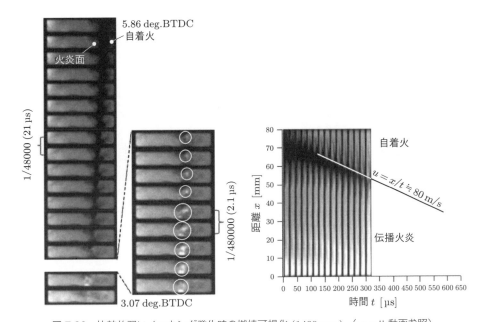

図 7.26　比較的弱いノッキング発生時の燃焼可視化 (1400 rpm)　(→ p.ii 動画参照)

（A. Iijima, S. Tanaka, H. Kubo, K. Agui, M. Togawa, K. Shimizu, Y. Takamura, M. Tanabe and H. Shoji, International Journal of Automotive Engineering, Vol. 9, No. 1, p.23–30, 2018 より引用）

(2) 強いノッキングを起こした高速ノッキング時の燃焼可視化

図 7.24 の $N = 4000$ rpm の条件での燃焼可視化結果を**図 7.27** に示す．このケースでは，左から右に向かう火炎伝播の進行中に右端のエンドガス部から自着火が発生し，伝播火炎が向かってくる左方向に成長を始める．ここまでは弱いノッキングを起こすケースと同じだが，左側の図左の白い円で囲った領域で高輝度な自着火領域が確認された時点で，まだ未燃部の領域が多いことがわかる（未燃ガスは圧縮されているため，質量割合で考えると，体積割合以上に多くの未燃ガスが残っていることになる）．

白い円で示した高輝度な自着火が発生したのち，その領域が未燃ガス中を高速で進行し，やがて伝播火炎部に到達し，そのまま高速で点火プラグ側に進行している．その結果，非常に強いノッキングに至っている．図の右側に示した，見かけ上伝播するかのように進行する自着火の先端部の進行速度は，1700 m/s 程度である．

前述のデトネーション説を考えるうえで，自着火および燃焼が，未燃ガス中を超音速で進行しているか否かが重要になる．次節で説明するが，自着火が起こる温度は 1100 K 前後と考えられる．また，音速 a [m/s] は，次式で求められる．

$$a = \sqrt{\kappa R T}$$

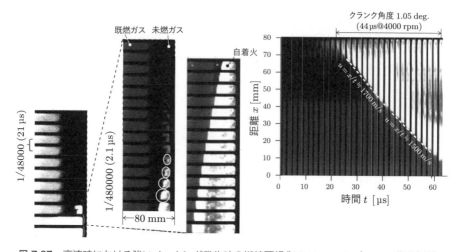

図 7.27　高速時における強いノッキング発生時の燃焼可視化 (4000 rpm)　(→ p.ii 動画参照)

(A. Iijima, S. Tanaka, H. Kubo, K. Agui, M. Togawa, K. Shimizu, Y. Takamura, M. Tanabe and H. Shoji, International Journal of Automotive Engineering, Vol. 9, No. 1, p.23–30, 2018 より引用)

ここで，κ は比熱比，R は気体定数 [J/(kg·K)]，T は絶対温度 [K] である．

κ を標準状態の空気の値 ($\kappa = 1.4$) とし，空気の気体定数 278 J/(kg·K) を用いて 1100 K での音速を計算すると次のようになる．

$$a = \sqrt{\kappa R T} = \sqrt{1.4 \times 287 \times 1100} = 665$$

実際には，比熱比は温度によって変化するし，エンドガスの組成の気体定数は空気の気体定数と同じではない．しかし，それらを考慮したとしても，実際の音速は空気を仮定したときの音速とそれほど違わない．つまり，自着火直前のエンドガスの音速は，700 m/s 程度以下だといえる．よって，図で示した強いノッキングが発生するときの自着火の進行速度は，超音速状態であると考えられる．つまり，強烈なノッキングに至る条件では，エンドガス中に相当量の未燃領域が存在する時点で局所的に強い圧力波もしくは衝撃波が発生し，それによる圧縮で未燃部が瞬時に加熱されて自着火して圧力波にエネルギーを供給することで，衝撃波と自着火が相互作用しながら超音速で未燃部を消費する過程，つまりデトネーションに向かう過程（ディベロッピングデトネーション）にあると考えられる．

図 7.28 に，さまざまな強度のノッキングに対して燃焼の高速度撮影結果から自着火の進行速度 u を求め，マッハ数 M_{AI} で整理した結果を示す．ここで，マッハ数は自着火の進行速度をエンドガスの推定音速 a で割って求めたものである．

この図から，エンドガス自着火進行速度に関するマッハ数が高くなるほど強いノッ

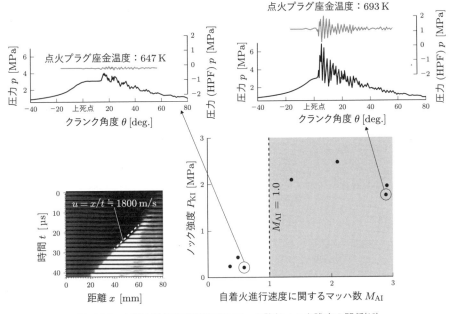

図 7.28 自着火進行速度に関するマッハ数とノック強度の関係[18]

キングに至る傾向にあることがわかる．とくに，マッハ数 1 を境に，強烈なノッキングに遷移しているように見てとれる．これは，エンドガスの自着火進行速度が音速に達したことでディベロッピングデトネーションに至るためだと考えられる．とくに，エンジンにダメージを与えるような強いノッキングを考えるうえでは，デトネーション説が重要な役割を果たしているものと考えられる．

7.4 低温酸化反応と高温酸化反応

エンジン燃焼室内は幅広い温度，圧力域で一連の現象が進行するため，燃焼の低温酸化反応と高温酸化反応の双方が重要な役割を果たす．

7.4.1 自着火現象の複雑さ

ガソリンエンジンのノッキングは，エンドガスの自着火によって生じる．そのため，ノッキングの回避や HCCI エンジンを成立させるためには，自着火現象を理解して制御することが必要になる．しかしながら，自着火は**低温酸化反応**とよばれる複雑な化学反応の影響を強く受けながら進行するため，現象が複雑である．

図 7.29 に，化学反応数値解析によって得られたオクタン価 0 のノルマンヘプタンの着火遅れ期間の例を示す．一般には，温度が高いほど短い時間で着火するため，右

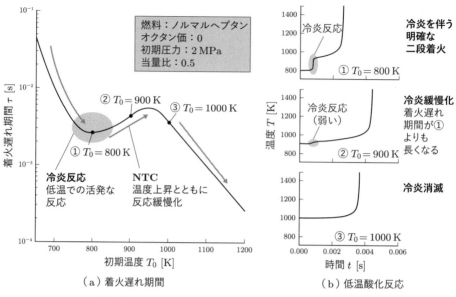

図 7.29　ノルマンヘプタンの着火遅れ期間と低温酸化反応

下がりの線になると考えられる.

　しかし，実際には，800 K 程度までは高温ほど着火遅れ期間が短くなるが，その後は 950 K 程度まで温度が上がると着火遅れ期間がむしろ長くなる領域が現れる．この領域は，温度を上げたにもかかわらず反応が緩慢化していることを意味するため，**負の温度係数**（Negative Temperature Corfficient: NTC）領域とよばれる．950 K 以上では再び着火遅れ期間が短くなっていく．このように，炭化水素の着火遅れ期間はS 字状のカーブを示す．図 (b) の ① $T_0 = 800$ K を見ると，自着火によって温度が急激に増加する前に，1 ms 程度の時期に温度が 800 K 程度から 950 K 程度まで一気に上昇している．この低温域での発熱を**冷炎反応** (Cool Flame) とよぶ．さらに温度を上げた図 (b) の ② $T_0 = 900$ K では，温度が上昇したにもかかわらず，自着火の時期が $T_0 = 800$ K のときよりも遅れている．この条件では，冷炎による温度上昇が小さいことがわかる．つまり，温度が上昇したことで，冷炎反応が緩慢化し，着火遅れ期間を増加させたと考えることができる．

　次に，これらの複雑な挙動を起こす理由である，自着火の化学反応について説明する．

7.4.2　炭化水素燃料の着火特性

　図 7.30 に，炭化水素燃料の**着火遅れ期間**を示す[19]．これらは，SIP 革新的燃焼技術で開発された反応モデル[20] を用いた数値解析結果である．

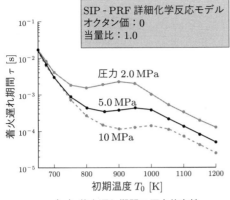

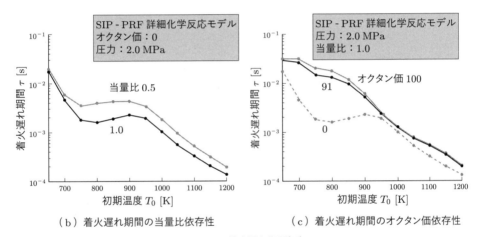

（a）着火遅れ期間の圧力依存性

（b）着火遅れ期間の当量比依存性 　　　（c）着火遅れ期間のオクタン価依存性

図 7.30 着火遅れ期間[19]

　図 (a) は，オクタン価 0，当量比 1.0 において圧力を変化させた際の着火遅れである．圧力を増加させるほど，着火遅れ期間が短くなる．また，圧力の増加とともに，S字カーブの変曲点が高温側にシフトしている．

　図 (b) は，オクタン価 0，圧力 2.0 MPa において当量比を変化させた際の着火遅れ期間である．リーン条件のほうが，着火遅れ期間が長くなる．

　図 (c) は，圧力 2.0 MPa，当量比 1.0 においてオクタン価を変化させた際の着火遅れ期間である．オクタン価が低いほど，着火遅れ期間が短くなる．また，高オクタン価側では負の温度係数領域が現れにくくなる．また，高温側の着火遅れ期間は，低温側に比べるとオクタン価への依存性が低くなっている．このことから，燃焼室内の温度，圧力履歴の違いによって，オクタン価が自着火に及ぼす影響度合いが異なってく

ることなどが理解できる.

　炭化水素燃料の着火遅れ期間が S 字カーブを示す理由である低温酸化反応について次項で説明する.

7.4.3　炭化水素の自着火反応プロセス

　前述のとおり,自着火に至る過程で,冷炎反応や負の温度係数などの特徴的な現象が起こる.これらは,低温酸化反応などとよばれる複合的な反応プロセスによってもたらされている.

　ここでは,ガソリンを構成する主要な成分の一つである,飽和炭化水素（アルカン）の低温酸化反応と高温酸化反応プロセスの概要を示す[21, 22].

　オクタン価 0 のノルマルヘプタン n-C_7H_{16} を例にした場合の分子構造を図 7.31 に模式的に示す.反応の起点は,燃料（RH と記している）から水素原子 H が引き抜かれた R（**アルキルラジカル**）とよばれる物質である.以後,温度域に分けて,反応メカニズムを概説する.

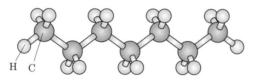

H　C

（a）RH（燃料）：ノルマルヘプタン(n - C_7H_{16})

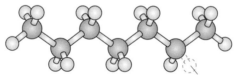

引き抜かれた H

（b）R（アルキルラジカル）：C_7H_{15}

図 7.31　燃料 RH とアルキルラジカル R （オクタン価 0 のノルマンヘプタンの例）

(1) 高温酸化反応：1200 K 程度以上

　アルキルラジカル R は,高温域と低温域とで異なる反応プロセスをたどる.おおむね 1200 K 以上の十分高い温度域では,燃料の C–C 結合が切れて C_1 のアルキルラジカルである CH_3 などに分解される（この反応を β-scission とよぶ）.つまり,主にメタン（もしくは燃料が濃い場合には C_2 のエタン）の燃焼に帰着される.そのため,アルカンの高温酸化反応のメカニズムは,燃料の分子構造の影響を受けにくい.たとえば,同じアルカンであれば,オクタン価がまったく異なるノルマルヘプタン（オクタ

ン価 0) とイソオクタン（オクタン価 100）とで，層流燃焼速度は大きくは変わらない．これは，どちらの燃料も高温では β-scission を起こして小さなアルキルラジカルになるため，メタン系の同じ反応になるからだと説明される．

(2) 低温酸化反応 ① ： 900 K 程度前後・負の温度係数 (NTC) 領域

1000 K 程度以下の低温域では，アルキルラジカル R が β-scission を起こせないため，水素が引き抜かれた箇所に酸素 O_2 が付加して RO_2 になる（1st O_2 addition とよぶ）．

$$R + O_2 = RO_2 \tag{7.16}$$

RO_2 は，次式のように内部異性化により内部の水素を引き抜き，QOOH になる．

$$RO_2 = QOOH \tag{7.17}$$

ここで，Q は R からさらに一つ水素が引き抜かれた状態を指す．生成された QOOH は分解され，反応性に富む活性化学種である OH ラジカルを一つ排出する．

$$QOOH = QO + OH \tag{7.18}$$

この様子を，**図 7.32** に模式的に記す．

この反応は活性な OH ラジカルを一つしか出さないため，ラジカルが増殖しているわけではない．この一連の反応は，この後に示すラジカルが増殖するケースと対比させて，連鎖移動反応とよばれる．

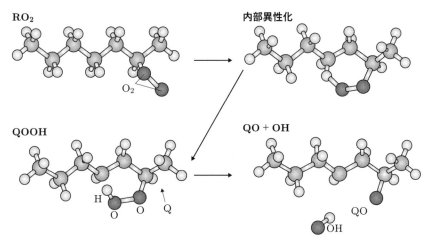

図 7.32 1st O_2 addition からの OH ラジカル生成（連鎖移動反応）

(3) 低温酸化反応 ② ： 800 K 程度前後・冷炎反応領域

この温度域では，式 (7.18) で生じた QOOH の分解が遅いため，QOOH がさらに O_2 と結合して OOQOOH を生成する (2nd O_2 addition).

$$QOOH + O2 = OOQOOH \tag{7.19}$$

OOQOOH は，式 (7.17) と同様に内部異性化を起こし，HOOQ'OOH を生成する.

$$OOQOOH = HOOQ'OOH \tag{7.20}$$

ここで，Q' は Q からさらに一つ水素が引き抜かれた状態を指す．その後，分解されて結果的に OH ラジカルを二つ排出する．つまり，低温にもかかわらず，反応性に富む OH ラジカルが増殖することになり，これによって反応が活発化する（連鎖分枝反応という）．（式 (7.21), (7.22)）．つまり，低温時にこの反応が活発に生じることによって冷炎現象が起こる．この様子を，**図 7.33** に模式的に示す.

$$HOOQ'OOH = HOOQ'O + \boxed{OH} \tag{7.21}$$

$$HOOQ'O = OQ'O + \boxed{OH} \tag{7.22}$$

以上のように，低温域（800 K 前後）では式 (7.19)〜(7.22) の反応により連鎖分枝反応を起こすため，この温度域で反応が活発化し，冷炎反応が発生する．その後，温度が増加すると，式 (7.16)〜(7.18) により連鎖移動反応に切り替わるため，反応が縮退（緩慢化）する．そのため，図 7.29 などで示したように，800 K のときよりも 900 K

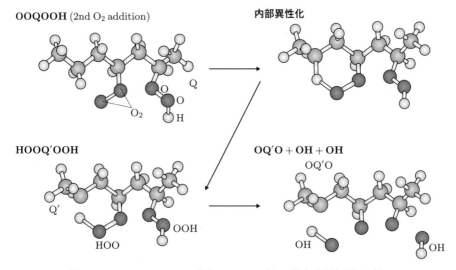

図 7.33　2nd O_2 addition からの OH ラジカル増殖（連鎖分枝反応）

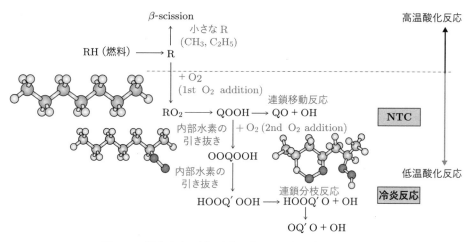

図 7.34 炭化水素の低温酸化反応および高温酸化反応過程

のときのほうがむしろ着火遅れが長くなる，いわゆる負の温度係数領域が現れる．以上のプロセスをまとめた，炭化水素の反応過程の概要を**図 7.34** に示す．

(4) 冷炎縮退後，自着火開始までの間に重要な役割を果たす反応

　冷炎反応などの低温酸化反応によって，図 7.34 などのように反応が進行した結果，さまざまな中間生成物が発生する．とくに，自着火前の反応でホルムアルデヒド HCHO などが生成・蓄積されることはよく知られており，重要な役割を果たす中間生成物の一つとされている．

　冷炎反応などで生成された HCHO が次の式 (7.23)〜(7.25) に示す反応で過酸化水素 H_2O_2 を生成し，それが式 (7.26) のように熱分解して OH を増殖させつつ発熱するという，H_2O_2 反応ループが提案されている[23]．

$$HCHO + OH = \boxed{HCO} + H_2O \tag{7.23}$$

$$HCO + O_2 = \boxed{HO_2} + CO \tag{7.24}$$

$$HO_2 + HO_2 = \boxed{H_2O_2} + O_2 \tag{7.25}$$

$$H_2O_2 + M = \boxed{OH} + \boxed{OH} + M \tag{7.26}$$

● 総括反応式

　式 (7.23)〜(7.26) の反応プロセスでは，ホルムアルデヒド HCHO がホルミル HCO，ヒドロペルオキシルラジカル HO_2 を経由して過酸化水素 H_2O_2 を生成し，それが熱分解して OH ラジカルを二つ排出する．それによって，一連の反応が連鎖していく．

　この反応の総括反応は次式となり，ホルムアルデヒドと酸素が反応して水と一酸化

炭素 CO と熱を発生させる. この現象が, 自着火前の反応として重要な役割を果たしていると考えられる.

$$2\mathrm{HCHO} + \mathrm{O}_2 = 2\mathrm{H}_2\mathrm{O} + \mathrm{CO} + 473\,\mathrm{kJ} \tag{7.27}$$

図 7.35 に, ピストン圧縮を模擬した容積変化を与えた際の自着火過程の数値解析を, CHEMKIN を用いて行った結果の一例を示す. 計算に用いた反応メカニズムは, 米国ローレンス・リバモア国立研究所 (Lawrence Livermore National Laboratory: LLNL) で開発された PRF の素反応機構である.

破線 B′ の時期に熱発生率 (Heat Release Rate: HRR) が立ち上がっているのがわかる. これは冷炎反応が起こっている領域である. 冷炎反応が起こったとき, 燃料であるノルマルヘプタンが少し消費され, OOQOOH, H2O2, HCHO などが生成, 蓄積

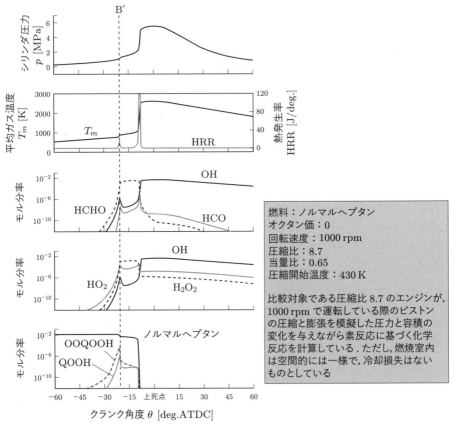

図 7.35 詳細化学反応機構に基づくピストン圧縮による自着火過程の計算例[24]

されていることがわかる．これは，前述の低温酸化反応の挙動と一致する．その後，温度が上昇して冷炎が縮退（緩慢化）する．自着火の時期に HCHO が消費されている．このように，詳細化学反応機構を用いた数値解析によって，自着火過程で起こる化学反応をもとに自着火現象を調べることが可能である．

　ガソリンエンジンのノッキングや，HCCI エンジンにおいて自着火に至る際，混合気が低温から自着火までの温度領域をたどるため，これらの複雑な反応挙動の影響を強く受けたうえで自着火のタイミングが決まる．この現象がノッキングの予測や HCCI 燃焼の制御を難しくしている．

　一般に，オクタン価が高い燃料は，冷炎反応などの低温酸化反応が緩慢なため着火遅れ期間が長くなる．ただし，低温酸化反応の活発さや着火遅れ期間に影響を及ぼすのは，燃料だけではない．圧縮開始温度，燃焼室壁面温度，空燃比，残留ガス割合，EGR の有無など，エンジンの運転状況に応じてさまざまに変化する量が，低温酸化反応や自着火にも影響を及ぼす．そのため，さまざまな運転領域で自着火を制御するためには，低温酸化反応特性の詳細を理解したうえで，それらに影響を及ぼす因子を自在にコントロールする術が必要になる．

演習問題

7.1 点火プラグにおける電極間距離を小さくしていくと，最小点火エネルギーがどのように変化するかを説明せよ．

7.2 点火プラグ電極付近の混合気流速によって，最小点火エネルギーがどのように変化するか説明せよ．

7.3 点火プラグの熱価と焼け型・冷え型プラグの関係を説明せよ．

7.4 ガソリンエンジンがディーゼルエンジンに比べて高い回転速度で運転できる理由を，火炎伝播燃焼の観点から説明せよ．

7.5 ノッキング（スパークノック）の発生原理を説明せよ．

7.6 炭化水素の着火遅れ期間における負の温度係数とは何か説明せよ．

8 ディーゼルエンジンの燃焼

ディーゼルエンジンの燃焼について，着火燃焼過程を高圧燃料噴射や多段噴射などの最近の技術や過給，クリーンディーゼルエンジンなどの基礎から説明する．

8.1 ディーゼルエンジンの燃料噴射方式

ディーゼルエンジンは，吸気行程で空気のみを吸入し，圧縮行程終了付近において，断熱圧縮によって高温高圧となった燃焼室内の空気中に燃料を噴射して自然着火させ，拡散燃焼させる．したがって，燃料と空気の混合および完全燃焼を急速に行う必要があり，燃焼室内の空気と燃料噴射との相対速度を大きくし，良好な混合気形成を促進する必要がある．ディーゼルエンジンの燃料噴射では，以下の 3 点が重要となる．

- **微粒化 (Atomization)**：燃料を微細な燃料液滴群にすること
- **貫通力 (Penetration)**：噴射した燃料が燃焼室端部まで到達すること
- **分散性 (Distribution)**：燃料を燃焼室全体に均一に広く分散すること

燃料を**微粒化**することによって，燃料液滴群全体としての表面積が増加する．燃料の気化と化学反応の進行速度は燃料液滴の表面積に比例し，体積に反比例するため，燃料の微粒化は有効である．しかし，**貫通力**は燃料液滴の質量に比例するため，微粒化とは相反する．よって，燃料を微粒化しつつ，高圧力によって急速に燃焼室内の空気中に噴射する必要がある．また，燃料の**分散性**が高ければ，吸入した空気の利用率を向上させることができる．なお，燃料噴霧の評価にはザウター平均粒径 (Sauter Mean Diameter: SMD) D_{32} が用いられることが多い．ザウター平均粒径とは燃料液滴を球形と考え，全粒子の全表面積に対する全体積の比と同じ表面積と体積の比をもつ粒子の直径である．直径 d_i の粒子が n_i 個ある場合，次式より D_{32} を求める．

$$D_{32} = \frac{\sum_i n_i d_i^3}{\sum_i n_i d_i^2} \tag{8.1}$$

8.1.1 燃料噴射方式および燃焼室形状

ディーゼルエンジンにおいては，燃料と空気の拡散混合の促進が必要であるため，燃料噴射と燃料室の形状が重要となる．**図 8.1**，**8.2** に示すように，ディーゼルエンジンは燃料噴射方式によって**副室式ディーゼルエンジン**と**直接噴射式ディーゼルエンジン**

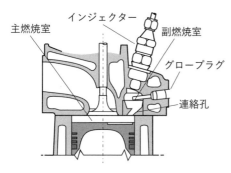

図 8.1 副室式ディーゼルエンジン

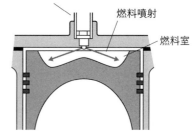

図 8.2 直接噴射式ディーゼルエンジン

(Direct Injection: DI) に大別される. 副室式ディーゼルエンジンは,連絡孔でつながれたシリンダ内の主燃焼室とシリンダヘッド内に設けられた副燃焼室の二つの燃焼室からなり,燃料が副燃焼室に噴射されるため**間接噴射式ディーゼルエンジン** (Indirect Injection: IDI) ともよばれる. 直接噴射式ディーゼルエンジンは,シリンダ内の単一の燃焼室からなり,通常,高圧縮比のために燃焼室の容積は小さくする必要があり,ピストン冠面内部に空けられた空洞(キャビティ)が燃焼室となる. また,シリンダヘッド壁面側は平面とされる. 直接噴射式ディーゼルエンジンでは,燃料は燃焼室に直接噴射される.

どちらの燃焼室方式においても,冷間始動時の着火性を改善する場合,**グロープラグ**が用いられる. グロープラグとは,金属または窒化ケイ素 Si_3N_4 などのセラミックで作られた棒状の加熱体であり,通電することで数秒以内に 1000 ℃ 程度まで昇温され,燃料を加熱したグロープラグに直接噴射することで燃料の気化および着火を促進する. なお,一般的な軽油の引火点は約 45〜50 ℃ 以上で着火点は 250 ℃ 程度,重油の引火点は約 60〜70 ℃ 以上で着火点は 250〜380 ℃ 程度である.

(1) 副室式ディーゼルエンジン

副室式ディーゼルエンジンの中で,副燃焼室の容積比(燃焼室容積に対する副燃焼室容積の割合)が 25〜45% と小さなものを**予燃焼室式**,容積比が 50% 前後あり副室内に渦流を発生させるものを**渦流室式**とよぶ. 副室式ディーゼルエンジンでは,副燃焼室内に燃料を噴射することで,副燃焼室内の空気と燃料が拡散燃焼する. 軽負荷,または副燃焼室の容積が比較的大きく燃料に対して十分な空気がある場合は,副燃焼室内で燃料が完全燃焼する. 高負荷の場合は燃料噴射量が多く,副燃焼室内に噴射された燃料は空気と拡散混合して燃焼し過濃混合燃焼する. 未燃燃料や不完全燃焼成分を含む燃焼ガスは主燃焼室へと流入し,主燃焼室内の空気によって拡散燃焼する. この燃焼はリッチ予混合気を予混合燃焼させ,燃焼ガス中の未燃焼の燃料を新たな空気中

で拡散燃焼させる**部分予混合燃焼**に近いものとなる．また，副室式は一般に小型機関用である．副室式ディーゼルエンジンの利点と欠点は，以下のとおりである．

● 利点

圧縮行程中に空気が副燃焼室内に流動する際に強い渦流と乱れが生じ，噴射した燃料と空気の拡散混合が促進されるため，燃料噴射圧力は比較的低くてもよく，着火燃焼が燃料噴射装置や燃料噴霧の影響を比較的受けにくい．また，燃焼圧力が比較的低く燃焼温度が低いため，窒素酸化物 NOx の生成量が少ない．

● 欠点

副燃焼室および連絡孔のため燃焼室表面積が大きくなり，燃焼室容積に対する燃焼室表面積の比（S/V 比）が大きくなるため熱伝達による冷却損失が大きく，連絡孔を燃焼ガスが通過する際のガス流動による摩擦損失および冷却損失によって正味熱効率が低下する．また，副燃焼室内の既燃ガスが抜けきらず残留ガスとなる．さらに，S/V 比が大きいために，冷却損失によって冷間始動性能が劣る．

(2) 直接噴射式ディーゼルエンジン

直接噴射式ディーゼルエンジンでは，燃焼室内に燃料を直接噴射することで，燃焼室内の空気と燃料が拡散混合しながら拡散燃焼する．直接噴射式の代表的な燃焼室形状の模式図を**図 8.3**に示す．**浅皿形燃焼室**は主に大型低速ディーゼルエンジンに用いられ，**深皿形燃焼室**（トロイダル形：環状体形）および**リエントラント形燃焼室**は主に小型高速ディーゼルエンジンで用いられる．これらの燃焼室形状では，燃料噴射は燃焼室壁面に衝突しないことが望ましい．一方で，**球形燃焼室**（ミュラー燃焼方式）では，燃料をピストンヘッドの蒸発室壁に衝突させ，噴霧の壁面蒸発を利用して燃焼さ

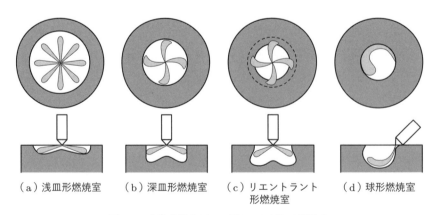

（a）浅皿形燃焼室　　（b）深皿形燃焼室　　（c）リエントラント　　（d）球形燃焼室
　　　　　　　　　　　　　　　　　　　　　　　形燃焼室

図 8.3　直接噴射式ディーゼルエンジンの燃焼室

せる．球形燃焼室では，蒸発燃焼となり燃焼が緩やかになるためディーゼルノックを抑制できるが，未燃炭化水素 HC の排出量が増加し，正味熱効率は低下する．直接噴射式ディーゼルエンジンの利点と欠点は，以下のとおりである．

● 利点

燃焼室形状が単純であり，気体流動の抵抗となるものがなく，S/V 比が小さく冷却損失が少ないため正味熱効率が高い．大型低速ディーゼルエンジンの場合，貫通力を強くすることで燃料噴射の到達距離を長くでき，燃料噴射から燃料の気化，空気との混合に十分な時間がとれるため，微粒化することで完全燃焼させることができる．また，インジェクターを多噴孔として分散性を向上し，吸入空気の利用率を高くできる．

● 欠点

小型高速ディーゼルエンジンの場合，燃焼室内に入り込む空気の半径方向流であるスキッシュ流および燃焼室内の旋回流であるスワール流を用いて，燃料と空気の拡散混合を促進しなければならない．リエントラント形燃焼室は，燃焼室口縁部の絞り構造（スキッシュ・リップ部）によって，深皿形燃焼室と比較してスキッシュ流が増加するため，着火遅れが短縮される．また，燃焼後半においてスワール流が燃焼室内に保持されるため，燃料室内の乱れが強く，拡散燃焼が促進される．直接噴射式ディーゼルエンジンの機関性能は，燃料噴射に大きく影響される．よって，インジェクターの燃料噴射孔の直径を小さくして燃料を微粒化し，燃料噴射圧力を高圧力とすることで貫通力を強め，多噴孔として燃料の分散性を高める必要がある．

例題 8.1 圧縮比 $\varepsilon = 16.0, 20.0$ のディーゼルエンジンにおいて，(1) 断熱圧縮した場合，(2) 冷却損失によってポリトロープ指数 $n = 1.35$ で圧縮した場合について，圧縮行程終了時の燃焼室内の空気の温度と圧力を求めよ．圧縮始めは温度 20.0 ℃，圧力 100 kPa とする．

解答 (1) 断熱変化における温度 T と体積 V の関係 $TV^{\kappa-1} = $ 一定 より，圧縮始めを添字 1, 圧縮終わりを添字 2 とすると，$T_1 V_1^{\kappa-1} = T_2 V_2^{\kappa-1}$ から，$T_2 = T_1(V_1/V_2)^{\kappa-1} = T_1 \varepsilon^{\kappa-1}$ となる．

圧縮比 16 の場合， $T_2 = T_1 \varepsilon^{\kappa-1} = (273.15 + 20) \times 16^{1.4-1} = 889\,\mathrm{K} = 616\,℃$

圧縮比 20 の場合， $T_2 = T_1 \varepsilon^{\kappa-1} = (273.15 + 20) \times 20^{1.4-1} = 972\,\mathrm{K} = 699\,℃$

また，断熱変化における圧力 p と体積 V の関係 $pV^\kappa = $ 一定 から，

圧縮比 16 の場合， $p_2 = p_1 \varepsilon^\kappa = 100 \times 16^{1.4} = 4850.3\,\mathrm{kPa} = 4.85\,\mathrm{MPa}$

圧縮比 20 の場合， $p_2 = p_1 \varepsilon^\kappa = 100 \times 20^{1.4} = 6628.9\,\mathrm{kPa} = 6.63\,\mathrm{MPa}$

(2) $n = 1.35$ のポリトロープ圧縮の場合は,

圧縮比 16 の場合, $T_2 = T_1\varepsilon^{n-1} = (273.15 + 20) \times 16^{1.35-1} = 774\,\text{K} = 501\,℃$

圧縮比 20 の場合, $T_2 = T_1\varepsilon^{n-1} = (273.15 + 20) \times 20^{1.35-1} = 836\,\text{K} = 563\,℃$

圧縮比 16 の場合, $p_2 = p_1\varepsilon^n = 100 \times 16^{1.35} = 4222.4\,\text{kPa} = 4.22\,\text{MPa}$

圧縮比 20 の場合, $p_2 = p_1\varepsilon^n = 100 \times 20^{1.35} = 5706.8\,\text{kPa} = 5.71\,\text{MPa}$

8.1.2 燃料噴射装置

燃料噴射装置は,大型舶用ディーゼルエンジンや小型汎用ディーゼルエンジンに用いられる機械式燃料噴射装置と,1990 年代後半に実用化され,自動車用ディーゼルエンジンに用いられる燃料噴射圧力の高い電子制御によるコモンレール式高圧燃料噴射装置,およびユニット・インジェクター式高圧燃料噴射装置に大別される.

(1) 機械式燃料噴射装置

機械式燃料噴射装置では,燃料噴射圧力 40 MPa 程度までの圧力で燃料を噴射するジャーク式のプランジャーポンプを使用する.機械式燃料噴射装置は,**図 8.4** に示すように,主にプランジャーポンプ,カム,高圧パイプおよびインジェクターから構成される.プランジャーポンプを駆動するカムは,通常,カム軸またはクランク軸によってカム軸の回転に同期して駆動され,カムがプランジャーを押し上げることで燃料を高圧にする.高圧となった燃料は,高圧パイプを通じてインジェクターへと圧送される.インジェクターには,通常,図 (b) に示すような自動開閉弁方式が用いられる.プランジャーポンプから圧送された燃料は,インジェクター先端部分のノズルサックに送られる.圧送された燃料圧力が所定の圧力になると,スプリングによって燃料噴射孔を塞いでいるノズルニードルが押し上げられ,燃料の噴射が開始される.燃料が圧送されている間,一定圧力で燃料噴射が継続し,燃料の圧送が終了するとスプリングによって燃料噴射孔がノズルニードルで塞がれ,燃料噴射が停止する.よって,機械式燃料噴射装置の場合,燃料噴射は 1 行程で 1 回のみとなる.

図 8.5 に示すように,円筒形のプランジャーには,側面にらせん状に溝が切り込まれ,頭頂部から縦方向に溝が切り込まれている.プランジャーは,バレルの中をカムによって往復運動し,燃料噴射量制御のためコントロールラックによって回転する.燃料噴射量は,以下のようにプランジャーの有効ストローク量で制御される.

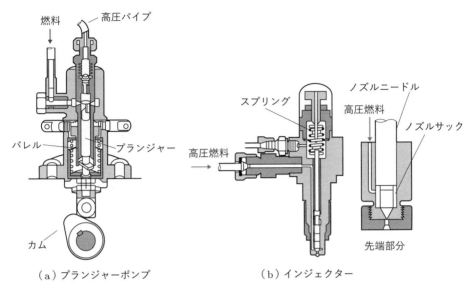

（a）プランジャーポンプ   （b）インジェクター

図 8.4　機械式燃料噴射装置

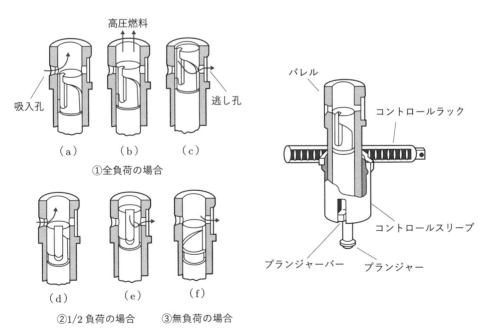

図 8.5　プランジャーポンプの動作

● 全負荷の場合

プランジャーが図 (a) に示す下死点にいるとき，フィードポンプによって送られた燃料が吸入孔からバレル内に供給される．図 (b) に示すように，カムによってプランジャーが押し上げられると，吸入孔がプランジャーによって閉じられ燃料の圧送が開始される．図 (c) に示すように，プランジャーが上昇して側面に切り込まれたらせん状の溝が逃し孔の下端に重なると，プランジャー上部の燃料圧力はプランジャーの縦方向溝を通じて逃し孔から逃げ，圧力が低下して燃料噴射が終了する．

● 1/2 負荷の場合

たとえば1/2負荷の場合は，図 (d) に示すように，バレルの外側にあるコントロールスリーブがコントロールラックによって1/2回転する．コントロールスリーブの下端の切り欠きは，プランジャーの下端にあるプランジャーバーと接続されているためプランジャーも1/2回転する．図 (e) に示すように，プランジャーが上昇すると側面に切り込まれたらせん状の溝が全負荷に比べて早期に逃し孔に重なり，プランジャーポンプ内の燃料圧力が低下して燃料噴射が終了する．プランジャーポンプ内に残った燃料は，縦方向の溝を通じて逃し孔から流出する．

● 無負荷の場合

無負荷の場合は，図 (f) に示すように，コントロールスリーブをさらに回転させる．プランジャーの縦方向の溝が逃し孔と重なると，プランジャーが往復運動しても燃料が加圧されず，燃料は噴射されなくなる．

一定の回転速度で作動するディーゼルエンジンでは，ガバナー（調速機）が取り付けられる．ガバナーはリンク機構で燃料噴射装置と連結され，回転速度が増大すると燃料噴射量を減少させ，回転速度が低下すると燃料噴射量を増加させることで，回転速度を一定に維持する．

多気筒ディーゼルエンジンでは，列型または分配型燃料噴射装置が使用される．列型燃料噴射装置とは，気筒数分のプランジャーポンプがあり，一つのプランジャーポンプが1気筒の燃料噴射を担うものである．プランジャーポンプを1列に配置して1本のカム軸に気筒数分のカムを設置し，プランジャーポンプを駆動する．分配型燃料噴射装置とは，一つのプランジャーポンプが全気筒の燃料噴射を担うものである．プランジャーとカムディスクは1サイクルで1回転し，1回転の中でカムディスクが気筒数分プランジャーを駆動する．プランジャーの外周には各気筒に燃料を分配するスリットが気筒数分あり，プランジャーが回転してスリットと重なったときにカムディスクがプランジャーを駆動して1気筒に高圧燃料が供給される．

(2) コモンレール式高圧燃料噴射装置

コモンレール式高圧燃料噴射装置とは，250 MPa 程度までの高圧力で燃料を噴射し，また，燃料噴射時期と燃料噴射量を高速かつ高精度で電子制御するディーゼルエンジン用の燃料噴射装置である．コモンレール式高圧燃料噴射装置は，図 8.6 に示すように，サプライポンプ，コモンレール，インジェクターおよび電子制御装置などから構成される．サプライポンプで昇圧された燃料はあらかじめコモンレールに蓄えられ，各シリンダのインジェクターに高圧パイプを通して分配される．コモンレールに高圧の燃料を蓄えることで高圧システム内の圧力振動波を低減し，安定した燃料噴射圧力を確保することで高圧力燃料噴射を行う．また，電子制御によって高速で作動するインジェクターを用いることで，1 行程で 8〜9 回程度までの多段噴射に加えて正確な燃料噴射時期と燃料噴射量の制御が可能となり，燃焼を任意に制御することができる．なお，インジェクターは，燃料の微粒化と分散性を確保するために噴孔径 0.1 mm 程度の多噴孔噴射弁が用いられる．

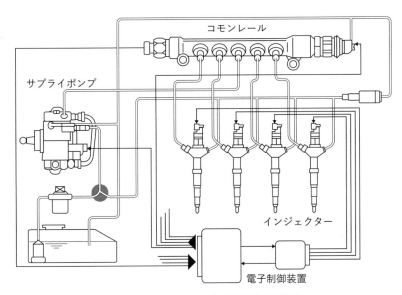

図 8.6　コモンレール式高圧燃料噴射装置

コモンレール式高圧燃料噴射装置を構成する各装置の機能は，以下のとおりである．

● サプライポンプ

図 8.7 にサプライポンプを示す．サプライポンプは，クランク軸などによって駆動されるポンプカムシャフトの回転に従って，カムが，プランジャーを駆動して往復運動させて燃料を吸入・圧送し，燃料噴射に必要な高圧力を発生させる．よって，基本

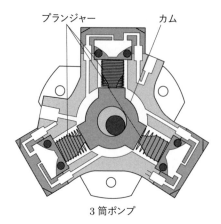

図 8.7 サプライポンプ

的には機械式燃料噴射装置と同様に，サプライポンプはジャーク式のプランジャーポンプとなる．また，燃料噴射圧力を制御する圧力レギュレートバルブは，サプライポンプまたはコモンレールに取り付けられる．

● コモンレール

昇圧された燃料はコモンレールに蓄えられる．コモンレールには，燃料噴射圧力を測定するレール圧センサや，異常に高圧になった場合に燃料を逃がすプレッシャーリミッターが取り付けられる．大型エンジンの場合は，コモンレールに発生する圧力脈動を減衰するためにフローダンパが取り付けられる．

● インジェクター

インジェクターには，電磁石であるソレノイドで作動するソレノイド式インジェクターと，電圧を印加すると伸長するピエゾ素子で作動するピエゾ式インジェクターがある．図 8.8 にソレノイド式インジェクターを示す．ピエゾ式インジェクターは，ソレノイド式インジェクターと比べて作動力が大きく，応答性に優れ，燃料噴射時期と燃料噴射量を高精度で制御できる．一方，ソレノイド式インジェクターにおいても，コマンド室に制御プレートを設け，ノズルニードル開弁中は制御室が低圧部のみと連通することで，流出オリフィスからの燃料流出であるスイッチングリークを最小化するなどの改良が行われている．

ソレノイド式インジェクターは，以下の ① ～③ のように動作する．

① **無噴射**：燃料を噴射していない場合はソレノイドに通電されておらず，コントロールバルブがバルブスプリングによって押し下げられ，流出オリフィスが

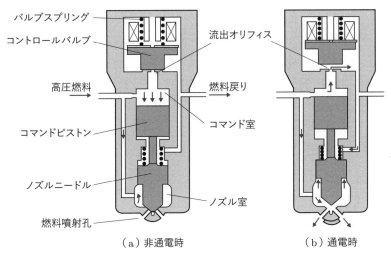

図 8.8 ソレノイド式インジェクター[25]

閉じられている．また，コモンレールからの高圧の燃料がコマンド室とノズル室に充填され，ノズルニードルとコマンドピストンにおける燃料圧力がかかる受圧面積の差異からノズルニードルが押さえつけられ，燃料噴射孔が閉じられる．

② **噴射開始**：ソレノイドに通電するとコントロールバルブが引き上げられ，流出オリフィスが開き燃料が流出するためコマンド室の圧力が低下する．また，ノズルニードルの下面にはたらく燃料圧力がノズルニードルを押し上げ，燃料噴射孔が開き，燃料噴射が開始される．ソレノイドに通電している間は燃料噴射が継続するため，ソレノイドの通電時間によって燃料噴射期間，すなわち燃料噴射量を制御する．

③ **噴射終了**：ソレノイドの通電を停止すると，バルブスプリングがコントロールバルブを押し下げ流出オリフィスを塞ぐ．高圧の燃料がコマンド室に流入し，コマンドピストンにかかる燃料圧力によってノズルニードルが下がり，燃焼噴射が停止する．

　ピエゾ式インジェクターは，ソレノイドの代わりにピエゾ素子をアクチュエーターとして使用するが，基本的な作動はソレノイド式インジェクターと同一である．

(3) ユニット・インジェクター式高圧燃料噴射装置

　図 8.9 に示すユニット・インジェクター式高圧燃料噴射装置とは，燃料噴射ポンプとインジェクターを一体としたものである．各気筒に取り付けられたユニット・イン

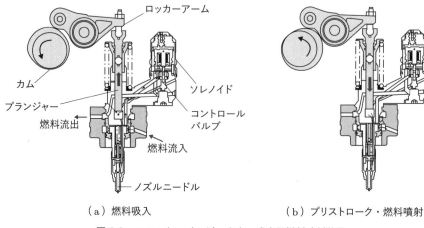

（a）燃料吸入　　　　　　　　　　　（b）プリストローク・燃料噴射

図 8.9　ユニット・インジェクター式高圧燃料噴射装置

ジェクターの燃料噴射ポンプ中の燃料加圧プランジャーをバルブ駆動用のカム軸に設
置したカムで押し下げ，250 MPa 程度の燃料噴射圧力を発生する．インジェクターの
構造は，コモンレール式高圧燃料噴射装置と同様に，ソレノイド，コントロールバル
ブ，ノズルニードルなどで構成される．ユニット・インジェクター式高圧燃料噴射装
置は，以下の①，②のように動作する．

① **燃料吸入**：カムの突起部が通過した後，プランジャーがスプリングによって押し
　　上げられる．このとき，ソレノイドには通電されていないためにコントロー
　　ルバルブは開いており，燃料はフィードポンプにより燃料入口からコントロー
　　ルバルブを通過して，プランジャーが上死点に至るまでプランジャーポンプ
　　内に充填される．

② **プリストローク・燃料噴射**：プリストロークでは，プランジャーがカムによって
　　押し下げられるものの，ソレノイドに通電するまでコントロールバルブは開
　　いているため，燃料はコントロールバルブを通過して燃料出口から流出する．
　　ソレノイドに通電してコントロールバルブが閉じられると，プランジャーポ
　　ンプ内の燃料は急激に高圧になり，ノズルニードルを押し上げ，燃料噴射孔
　　から燃料が噴射される．再びコントロールバルブが開かれると燃料圧力が低
　　下し，燃料噴射は停止する．

8.1.3　過給

ディーゼルエンジンは空気のみを吸入して圧縮するため，ガソリンエンジンとは異

なり，過給機を用いて吸入空気量が増加するだけ燃料供給量を増加でき，出力を向上できる．しかし，過給機を用いて吸気を圧縮すると，吸気圧力が増加するとともに吸気温度も上昇するため，吸気を冷却するインタークーラーが必要となる．自動車の場合は走行による空気流で冷却する空冷式が用いられ，船舶の場合は外部から取り入れた水で冷却する水冷式が用いられる．

　ディーゼルエンジンの過給機には，エンジンによって駆動される機械式過給機（スーパーチャージャー），電動モーターによって駆動される電動過給機，排ガスによって駆動されるターボチャージャーなどがある．機械式過給機や電動過給機は駆動するために動力が必要となり，エンジンの出力損失となるが，ターボチャージャーは排ガスを排出するための動圧によって駆動されるためにエンジンの出力損失とはならない．しかし，ターボチャージャーは排気経路中に設置するため，排気圧力が増加する．

　機械式過給機は，通常エンジンのクランク軸によって駆動される．したがって，機械式過給機の回転速度は機関回転速度と連動するため，低・中速機関回転速度においても有効に作動し，ターボチャージャーに見られる応答遅れがほとんどなく，レスポンスがよい．しかし，エンジンの高回転速度域では過給機を駆動するための損失が大きくなる．

　ターボチャージャーのタービンは排ガスの運動エネルギーによって回転するため，エンジンの運転が低回転速度や低負荷の場合，排ガスの流速が遅く十分な過給が行えない場合がある．しかし，高回転速度や高負荷運転の場合，排ガスの流速が速いため効果的に過給が行われる．また，自動車用エンジンのように機関回転速度や負荷が頻繁に変化する場合，ターボチャージャーの回転が加速する際にターボラグとよばれる遅延が発生する．**図 8.10** に示す **VG (Variable Geometry)** ターボチャージャーは可変ノズルターボチャージャーともよばれ，タービン側に装着された可変ノズルベーンの開度によってタービンの回転を変化することで過給量を制御する．すなわち，低回

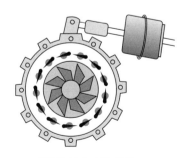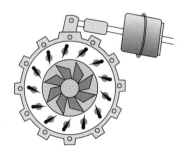

低回転速度・低負荷時　　　　　　　高回転速度・高負荷時

図 8.10　VG ターボチャージャー

転速度・低負荷域では，開口面積を小さくして排ガスの流速を上げることでタービンの回転速度を上げ，高回転速度・高負荷域では開口面積を大きくすることで排気圧力を低減し，幅広い機関回転速度および負荷領域において最適な給気量が行える．また，VG/VD (Variable Geometry/Variable Diffuser) ターボチャージャーは，タービンとコンプレッサー両方に可変ノズルベーンが備えられたものである．

　電動過給機は，電動モーターによって遠心型コンプレッサーを駆動して吸気圧力を増加させる．電動過給機には，ターボチャージャーのコンプレッサー，タービンの間にモーターを配置した電動アシストターボチャージャー，電動モーターのみによってコンプレッサーを駆動する電動コンプレッサーがある．電動アシストターボチャージャーは，排ガスの運動エネルギーが不足する低速運転時に電動モーターでコンプレッサーを駆動し，幅広い運転領域で有効な過給効果をもたらす．また，圧縮空気量が少ない場合に，排ガスの運動エネルギーを電力として回生することも可能である．電動コンプレッサーは，タービンがなく電動モーターとコンプレッサーを組み合わせたもので，エンジンの運転状態に無関係に過給することができる．また，電動コンプレッサーはターボチャージャーと併用して使用する場合がある．

8.2　ディーゼルエンジンの着火および燃焼過程

　ディーゼルエンジンの拡散燃焼は，ガソリンエンジンの火炎伝播による予混合燃焼と比較して，燃焼期間が長く，拡散燃焼であるために燃料噴射の開始から燃焼終了までの過程はより複雑である．また，ディーゼルエンジンは燃料噴射近傍ではリッチ燃焼であるものの，燃焼室全体では空気過剰率 1 以上とリーン条件であり，燃焼室内の局所的な当量比が時間的，場所的に変化する．しかし，予混合燃焼では点火後は燃焼過程を制御できないのに対して，ディーゼルエンジンの拡散燃焼では，多段で複数回燃料を噴射することで燃焼過程をある程度制御できる．

8.2.1　ディーゼル噴霧の着火・燃焼過程

　ディーゼルエンジンの拡散燃焼は，燃料噴射の開始から燃料の霧化，気化および空気との拡散混合の順に進行し，着火後は拡散燃焼となるため，これらの過程に分けて説明する．

● 燃料噴霧

　ディーゼルエンジンの燃料噴射の例を**図 8.11** に示す．ディーゼルエンジンの燃料噴霧は，**噴霧角，分裂長さ，到達距離**，平均粒径，粒度分布，空間分布などによって評価し，噴霧角が大きいほど分散性が良好となる．ノズルから噴出された燃料は，す

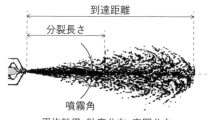

図 8.11　燃料噴霧[26]

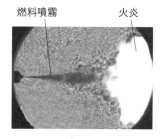

図 8.12　燃料の着火 （河那辺洋，ディーゼル噴霧における混合気形成と燃焼の解析，日本機械学会誌，Vol.114, No.1106, p.68, 2011 より引用）

ぐに微粒化せず，噴霧中に液柱を形成する．この液柱長さを分裂長さという．到達距離によって貫通力を評価し，平均粒径によって微粒化を評価する．また，粒度分布と空間分布によって，燃焼室内での燃料液滴の濃度分布を評価する．

　燃焼室内に噴射された燃料は，燃料液柱表面と周囲空気との間のせん断力によって分裂する．燃料が噴射され霧化するまでの燃料の分裂機構は，噴射された燃料と周囲の空気の相対速度に基づいた界面の不安定変動に支配され，また，ノズル内部での燃料流の不安定性によるノズル出口での燃料噴流界面の変動に依存する．すなわち，ノズル内部の燃料の乱れなどの変動やキャビテーションによって燃料噴流の表面に乱れが生じ，乱れが成長することで分裂長さの近傍で燃料液滴群へと分裂する．分裂長さ以降の領域では，主に渦の発生などの気体流動によって噴霧の構造が決定される．

● **混合気形成**

　微粒化した燃料液滴は噴霧の先端部分から気化し，空気と混合することで噴霧先端の外縁部において可燃範囲の混合気を形成する．混合気の形成と化学反応は燃料噴霧の場所によって同時に進行しているものの，**図 8.12** に示すように，着火は燃料噴射先端部分の化学的着火遅れ期間の短い理論混合比付近の混合気で発生する．

● **拡散燃焼過程**

　1 段の燃料噴射による着火燃焼過程は，**着火遅れ期間**，**無制御燃焼期間**，**制御燃焼期間**，**後燃え期間**に区別される．燃焼過程のシリンダ内圧力，単位クランク角度あたりの熱発生量である熱発生率および燃料噴射量を**図 8.13** に示す．

　① **着火遅れ期間**：燃料噴射の開始から着火までの期間であり，物理的着火遅れ期間と化学的着火遅れ期間に分けられる．物理的着火遅れ期間とは，燃料微粒化，燃料の気化，燃料と空気の拡散混合の後，可燃範囲の混合気が形成されるまでの期間であり，化学的着火遅れ期間とは，燃料と空気が混合して可燃

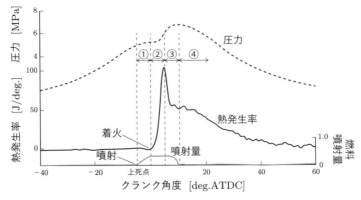

図 8.13　ディーゼルエンジンの燃焼過程

混合気中で燃焼が開始されるまでの，前炎反応などの化学反応の開始に必要な期間である．

② **無制御燃焼期間**：1箇所または複数箇所で燃料が自然着火すると，燃焼室内の温度が上昇して着火遅れ期間に噴射された燃料が爆発的に燃焼するため，シリンダ内圧力が見かけ上等容のもとで増加する．この期間の開始は燃料の着火性に依存するため，着火および燃焼を制御できない．無制御燃焼期間は，サバテサイクルの等容燃焼に相当する．

③ **制御燃焼期間**：噴射された燃料が逐次拡散燃焼する期間であり，燃料噴射量によって，最高燃焼圧力，圧力上昇率など拡散燃焼をある程度制御することができる．ディーゼルサイクルとサバテサイクルの等圧燃焼に相当する．

④ **後燃え期間**：燃焼噴射終了後に制御燃焼期間で拡散燃焼が終了せずに燃え残った燃料が燃焼する期間であり，比較的長い期間継続する．

　低速ディーゼルエンジンは，上死点付近で燃料噴射を開始し，回転速度が低いため全燃焼期間が長く，着火遅れ期間および無制御燃焼期間は制御燃焼期間と比較すると短いため，ディーゼルサイクルに近いサイクルとなる．高速ディーゼルエンジンは，回転速度が高いことから，燃焼期間を確保するために上死点以前で燃料噴射を開始し，無制御燃焼期間が明確に示されるために，サバテサイクルに近いサイクルとなる．

● **多段燃料噴射**

　多段噴射の燃料噴射パターンは，運転条件によってさまざまに設定することができる．典型的な多段噴射は，**図 8.14** に示すパイロット噴射，プレ噴射，メイン噴射，アフター噴射，ポスト噴射の 5 段噴射である．それぞれの噴射の目的は以下のとおりであるが，燃料を燃焼させる場合の燃焼過程は 1 段燃料噴射と同様である．

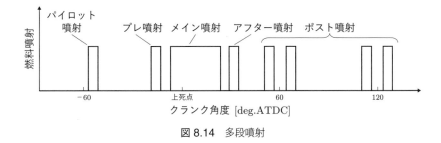

図 8.14 多段噴射

・**パイロット噴射**：上死点よりも早期に燃料を噴射し，空気と燃料を混合して混
　　合気を形成させ，メイン噴射での急激な圧力上昇による燃焼騒音を低減する．
・**プレ噴射**：メイン噴射の直前に少量の燃料噴射で拡散火炎を発生させる．燃焼
　　室内の温度を上昇させてメイン噴射での着火遅れによる急激な圧力上昇を抑
　　制することで，NOx 生成と燃焼騒音を低減する．
・**メイン噴射**：出力を決定するための燃料噴射である．
・**アフター噴射**：メイン噴射で燃焼しなかった燃料の後燃え期間での燃焼を促
　　進するために，メイン噴射の直後に少量の燃料を噴射し，粒子状物質 PM
　　(Particulate Matter) を低減する．
・**ポスト噴射**：排気後処理装置のために，燃焼が終了した後に燃料を噴射する．ポ
　　スト噴射の燃料により排ガスの温度を上昇させ，捕集フィルター (DPF) に堆
　　積した soot（すす）や PM を定期的に燃焼させて再生する．また，NOx 吸
　　蔵還元触媒の場合，ポスト噴射によって燃料を排気管へ送り，排ガスを還元
　　雰囲気とすることで触媒を再生する．これをリッチスパイクという．

8.2.2　ディーゼルノック

　ディーゼルノックとは，圧縮着火特性の劣る燃料を使用した場合に着火遅れ期間が長
期化し，この期間に噴射される燃料量が増加するために，無制御燃焼期間の圧力上昇と
最高燃焼圧力が高くなり，振動などが発生する現象である．ガソリンエンジンのノッ
キングは燃焼終了時に未燃混合気が異常燃焼するため発生するのに対して，ディーゼ
ルノックは着火遅れ期間の後，燃焼開始時に正常燃焼に伴って発生する．また，ディー
ゼルノックによって燃焼騒音が発生し，燃焼圧力増加による温度上昇に伴って NOx が
生成される．しかし，ディーゼルノックは，ガソリンエンジンのノッキングと異なり，
衝撃波の往復による明確な振動が示されない場合がある．これは，ディーゼルノック
の発生時に着火が燃焼室内の全域で一様に発生し，衝撃波が発生しにくいためと考え
られている．ディーゼルノックによる急激な圧力上昇は防止しなければならないが，

サバテサイクルの理論熱効率は無制御燃焼期間における圧力上昇比が増加するほど向上する.

ディーゼルノックの発生を防止するためには，着火性に優れるセタン価の高い燃料を用い，着火遅れ期間を減少させることが有効である．圧縮比の向上や吸気温度の上昇などによって，燃料噴射時の燃焼室内の空気温度を上げることで着火遅れ期間が短縮される．また，シリンダ内の気体流動を強めて燃料と空気の混合を促進したり，多段燃料噴射したりすることによってメイン噴射における着火遅れを軽減することができる.

8.2.3 燃焼室内での NOx ・ PM の生成

窒素酸化物 NOx と粒子状物質 PM は生成される条件が異なるため，燃焼室内で生成される時期と場所が異なる．NOx は高温リーン領域で生成される．よって，初期燃焼期間である無制御燃焼期間において，高圧，高温で酸素が十分に存在する場合に生成される．また，図 8.15 に示すように，燃料噴霧と空気との混合が活発な噴霧の外縁部で生成され，生成された NOx が燃焼中に減少することはほとんどない．一方，PM を構成する soot は，比較的低温リッチ領域で生成される．そのため，拡散燃焼期間の前半において，燃料噴射のリッチ燃焼領域で生成される．また，soot は，拡散燃焼の進行に従って，空気との混合が進む噴霧外縁部において酸化され減少する．したがって，NOx と PM の生成は局所的な当量比と温度に影響されるため，図 8.16 に示す φ–T マップとよばれるグラフによって生成状態を把握する．φ–T マップとは，当量比 φ を縦軸に，温度 T [K] を横軸にとり，soot と NOx の生成濃度を等高線で示した

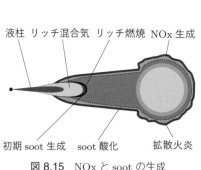

図 8.15 NOx と soot の生成

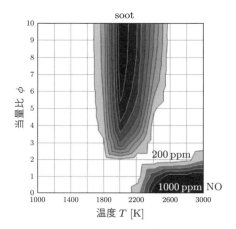

図 8.16 φ–T マップ[29]

ものである．比較的低温度で当量比が高くなるほど soot の濃度は高くなるため，ϕ–T マップでは上から下に伸びる半島のように示される．NOx は高温リーン領域で生成されるため，ϕ–T マップでは右下の領域に示される．ϕ–T マップ上において，soot と NOx の生成半島を避けて燃焼過程を進行させるように制御することで，PM と NOx を同時に低い濃度にすることが可能となる．

PM の質量濃度と粒子個数濃度の仮想的な粒径分布を図 8.17 に示す．粒径（モード径）50 nm 以上の粒子は累積モード (Accumulation Mode) 粒子とよばれ，炭素質の粒子と吸着した有機物質が主成分である．粒径 50 nm 以下の粒子は核モード (Nuclei Mode) 粒子とよばれ，排ガスが希釈・冷却される期間に生成された揮発性の有機物質や硫酸化合物からなると考えられている．PM 質量の大部分は累積モードの粒子によるものであるが，個数分布は大部分が核モード粒子にある．核モード粒子は，通常，質量では 1〜20％程度であるが，粒子個数では 90％以上を占めるとされる．

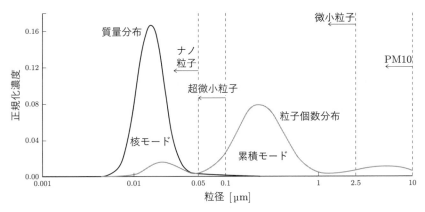

図 8.17　PM の分布[32]

粒子個数濃度は，Prticulate Measurement Program-Particle Number (PMP-PN) 法によって固体粒子数として測定される．排ガス中の揮発性粒子は主に高沸点の炭素水素であり，温度が低下すると凝縮して粒子となる．よって，揮発性粒子は温度などの影響によって粒子径や粒子数が変化するため，この測定方法では除外し，主に炭素からなる soot である固体粒子のみを測定する．測定装置は，希釈トンネル，サンプリングプローブ，揮発性粒子除去装置および粒子数カウンターから構成される．希釈トンネル内において清浄な空気で希釈された排ガスは，サイクロンなどによって 2.5 μm 以上の大きな粒子が取り除かれた後，揮発性粒子除去装置で揮発性粒子を除去する．揮発性粒子除去装置では，1 段目の希釈器で 150 ℃から 400 ℃へ加熱し，10 倍以上に希釈することで装置内での揮発成分の凝集を抑制し，加熱部で壁面温度 300〜400 ℃

にて加熱して揮発性粒子を蒸発する．2 段目の希釈器でさらに 10 倍以上に希釈することで，揮発性粒子の再凝縮を防止し，希釈排ガス温度を 35 ℃まで冷却する．粒子数カウンターには，レーザ散乱式凝縮粒子カウンターなどが用いられる．これは，ブタノール $C_4H_{10}O$ などの飽和蒸気によって粒子を成長させて光散乱法によって計測するものであり，粒子径 23 nm～2.5 µm の固体粒子数を測定する．

8.2.4 クリーン燃焼技術

　一般に，クリーンディーゼルエンジンとは，低有害排出ガス成分かつ高熱効率なディーゼルエンジンを意味する．ディーゼルエンジンは燃焼室全体ではリーン条件なため，排ガス中の一酸化炭素 CO と炭化水素 HC は酸化触媒 DOC によって二酸化炭素と水に酸化できる．しかし，窒素酸化物 NOx と粒子状物質 PM は，生成条件が異なるため同時に低減することが困難である．たとえば，NOx の生成量を低減するために圧縮比の低減や燃料噴射時期の遅角を行うと，PM が増加し，正味熱効率が低下する．逆の運転条件では，PM は低下し正味熱効率は向上するものの，NOx は増加する．よって，ディーゼルエンジンでは，NOx, PM，正味熱効率のバランスをとった燃焼が必要となる．

● フミゲーション

　ディーゼルエンジンの燃焼を改善するためにフミゲーション (Fumigation) という手法が考案された．フミゲーションとは，燃料の一部を空気と混合した混合気として吸気し，圧縮された混合気に燃料を噴射する方法である．燃料の一部を吸気行程中にシリンダ内に噴射して混合気を形成する手法もある．フミゲーションによって形成された混合気を圧縮することで，前炎反応を誘発し，着火遅れ期間を減少させてディーゼルノックを防止する．ディーゼルノックを防止し，無制御燃焼期間での燃焼圧力上昇を軽減することができるため，NOx の低減にも有効と考えられる．

● 低温予混合燃焼

　図 8.16 の ϕ–T マップ上で燃焼温度を極端に低下させると，soot も NOx も生成されない燃焼領域がある．低温予混合燃焼とは，その温度領域で燃焼させることで PM と NOx の生成を同時に低減する方法である．低温予混合燃焼の一例として，Modulated Kinetic (MK) 燃焼が挙げられる．MK 燃焼では，従来よりも燃料噴射時期を極端に遅角させ，膨張行程で燃焼を行わせる．さらに，高 EGR によって酸素濃度を低減することで着火遅れ期間を長期化し，高圧燃料噴射による燃料噴射期間短縮および高スワール比（スワールの単位時間あたりの回転数と機関回転数の比）によって予混合化する．燃料濃度のリーン化および燃焼温度の低温化を図ることで，NOx と PM を同

時に低減する．また，MK 燃焼では高スワール比によるリーン予混合化によって HC
排出の悪化が防止され，冷却損失が低減されるため図示熱効率が向上すると報告され
ている．

● **PCCI 燃焼**

PCCI 燃焼とは Premixed Charge Compression Ignition の略であり，Premixed
Compression Ignition (PCI) ともよばれる予混合圧縮自己着火燃焼である．ガソリン
エンジンをもとにした場合は HCCI 燃焼とよばれるが，根本的には同一の燃焼である．
予混合圧縮自己着火燃焼とは，混合気を圧縮し，自己着火によって着火燃焼する方法
である．ガソリンは常温で気化するため，あらかじめ空気とガソリンを混合し，均一
混合気として吸気する．軽油の場合は高沸点成分が多く含まれるため，シリンダ内で
空気と軽油を混合し，均一な混合気を形成するために圧縮行程の早期に燃料を噴射す
ることが望ましい．リーンバーンである PCCI 燃焼によって PM と NOx は低減され
るものの，CO と HC の排出が増加する．通常の軽油では着火時期が早期となり高い
熱効率が得られない，急激な圧力上昇を伴う燃焼となるため投入できる燃料量が限ら
れるなどの問題点がある．近年，燃料噴射圧力 350 MPa という非常に高い圧力で上死
点近傍にて燃料を多段で噴射することによって混合気を形成し，PCCI 燃焼が実現で
きることが報告された．

● **低圧縮比化**

ディーゼルエンジンの理論熱効率は，圧縮比が高いほど向上する．しかし，実際の
正味熱効率はそれほど圧縮比の変化に敏感ではない．これは，実際は冷却損失や機械
摩擦損失があるために，正味熱効率が理論熱効率より低いためである．ディーゼルエ
ンジンの圧縮比を高くする目的は，理論熱効率の向上とエンジン始動時に確実に着火
燃焼させるためである．ただし，燃焼が開始されれば燃焼室内の温度が上昇するため，
着火のための高い圧縮比は必要ではない．逆に，圧縮比を下げても，燃焼圧力が低下
し，冷却損失および機械摩擦損失が減少するために正味熱効率はそれほど低下しない．
そこで，NOx 生成量の減少を目的として，乗用車用ディーゼルエンジンでは圧縮比の
低下が試みられている．また，最高燃焼圧力を低下させることでピストンやシリンダ
に生じる衝撃力が減少するため，エンジンを軽量化でき，静粛性も向上する．しかし，
圧縮比が低下すると PM が増加する．そこで，PM は，高圧力燃料噴射と燃焼室形状
の最適化により燃料と空気の拡散混合を促進することで低減し，DPF で除去する．

● **高速空間燃焼**

高速空間燃焼とは，熱効率 50%以上を達成するために研究された新しい燃焼方式で

ある. この燃焼方式では, 燃焼時間を減少させることで燃焼の等容度を高め, かつ冷却損失を低減することを目的として, 燃焼室壁面から離れた空間で燃焼を行う. そのために, 燃料噴射を多段噴射として, 前半に貫通力の低いプレ噴射を行うことで燃焼室壁面から離れた場所に火炎を発生させ, メイン噴射による火炎も燃焼室壁面から離れた空間に発生させることで冷却損失を低減する. また, メイン噴射は噴射量を徐々に減らす逆デルタ噴射とし, 低流動かつ急速な燃焼として, 燃焼室の中央部分に噴霧角が大きく貫通力の弱い噴霧火炎 (コンパクト噴霧火炎) を形成させる. また, 逆デルタ噴射を実施するために, 直列2弁瞬時切替式 (TAndem Injectors Zapping ACtivation: TAIZAC) インジェクターが開発されている. これは, 燃焼噴射圧力を燃料噴射の後半で減少させ, 燃料噴射率を噴射期間中に徐々に減少させるものである. また, この研究によって, 燃焼期間短縮の障害となる後燃えの要因が, 燃料噴霧先端部に残る燃料濃度の高い部分であることが見出されている. 逆デルタ噴射によってリッチ混合気の形成を抑制することで, 後燃え期間も減少させることができる.

● **燃料性状**

　燃料性状を改善することで, 排ガス成分を低減することができる. PM の生成を抑制するためには, 燃料中の重質成分の低減と芳香族成分の抑制が効果的である. また, 燃料中の硫黄を低減することで, 酸化触媒 DOC および DPF での硫酸塩の生成の抑制および NOx 吸蔵型還元触媒の被毒が抑制できる. 軽油代替燃料である動植物油由来の脂肪酸メチルエステル (Fatty Acid Methyl Ester: FAME) などの含酸素燃料を用いると, 燃料中の酸素原子が soot の酸化を促進するため PM が減少する. また, 水と燃料を界面活性剤によって混合したエマルジョン燃料を用いると, 水の気化熱のために燃焼室内の温度が低下し, NOx 排出を減少させることができる.

演習問題

8.1 ディーゼルサイクルとサバテサイクルにおいて受熱量が同一の場合, どちらが1サイクルの仕事量が大きいかを, p–V 線図を用いて排熱量から検討せよ.

8.2 サバテサイクルにおいて圧力上昇比 α と締切比 β_S が等しい場合, 等容受熱量 Q_v と等圧受熱量 Q_p のどちらのほうが大きいかを示せ.

 有害排出ガス成分の排出メカニズムとクリーン化

エンジンの燃料は炭化水素である．よって，炭化水素と空気の燃焼によってできる排ガスの主成分は，窒素，水蒸気，二酸化炭素および酸素であるが，人体または環境に有害な成分も微量成分として排出される．ここでは，エンジンの燃焼によって発生する有害成分の発生機構とその低減方法を解説する．

9.1 有害排出ガス成分の基本特性

ガソリンエンジンおよびディーゼルエンジンが排出する有害排出ガス成分の主なものの特徴と測定方法を以下に示す．現在の法規によって排出量が規制されている有害排出ガス成分は，一酸化炭素 CO，炭化水素 HC，窒素酸化物 NOx，粒子状物質 PM 硫黄酸化物 SOx である．

● 一酸化炭素 CO

一酸化炭素 CO は分子量 28 で空気より若干軽く，常温・常圧において無色・無味・無臭の可燃性の気体であり，水にはほとんど溶けない．CO は，炭素 C が酸素供給不十分な状態で不完全燃焼した場合に，炭素の酸化が CO_2 まで完了せず CO で停止するために生成される．CO は，血液中のヘモグロビンと結合して酸素を運搬する機能を阻害するため，人体に毒性のある有害な物質である．

排ガス中の CO 濃度は，一般に，**非分散形赤外線吸収法** (Non Dispersive Infrared: NDIR) により測定する．これは，CO が赤外線領域の 4.7 μm 付近に吸収波長をもち，排ガスを通過する吸収波長の赤外線の吸光度と CO 濃度が比例するため，吸光度から CO 濃度を測定する方法である．また，吸収波長を選択するために回折格子などではなく光学フィルターを用いるため，非分散形とよぶ．

● 炭化水素 HC

炭化水素 HC は，炭化水素燃料が完全に酸化されずに排出された未燃燃料であり，排ガス中のさまざまな種類の炭化水素化合物の総称である．HC と窒素酸化物 NOx に太陽光中の紫外線が照射されると，光化学反応によってオゾンなどの酸化性物質（光化学オキシダント）が発生する．光化学オキシダントは人体や植物に有害であり，目のかゆみや呼吸障害，植物の立ち枯れの原因となる．また，光化学オキシダントは，アルデヒドやエアロゾルとともに光化学スモッグを発生する．HC は，メタン CH_4 とメ

タン以外の炭化水素である**非メタン炭化水素** (Non-Methane Hydrocarbon: **NMHC**) に大別される．これは，メタンは光化学反応性が無視できるためである．

　排ガス中の HC 濃度は，**全炭化水素** (Total Hydrocarbon: **THC**) として，**水素炎イオン化型分析計** (Flame Ionization Detector: **FID**) によって測定する．これは，水素火炎中で排ガスを燃焼させ，HC の燃焼によって発生するイオン電流から THC 濃度を測定する方法である．イオン電流は排ガス中の炭素原子数に比例し，水素や二酸化炭素などの無機物の影響を受けない．排ガスによるイオン電流とメタン CH_4 を試料とした場合のイオン電流とを比較し，メタン換算した THC 濃度とする．また，簡易的に，排ガス中の n−ヘキサンの吸収波長から，非分散形赤外線吸収法によりヘキサン換算した HC 濃度とする測定法もある．ディーゼルエンジンの場合，軽油は高沸点成分が多いので，炭化水素の凝縮を防ぐために，検出器などを加熱した加熱形水素炎イオン化型分析計 (Heated Flame Ionization Detector: HFID) を用いる．

● **窒素酸化物 NOx**

　窒素酸化物 NOx とは，窒素と酸素の化合物の総称である．エンジンから排出される窒素酸化物は主に一酸化窒素 NO と二酸化窒素 NO_2 であり，NO と NO_2 を合わせて NOx という．高温の燃焼室内では，窒素が酸化され主に NO が生成される．大気中に放出された NO は，さらに酸化されて NO_2 に変換される．NO は分子量 30 で空気よりやや重く，常温で無色，無臭の気体である．NO_2 は分子量 46 で，常温・常圧で赤褐色の気体または液体であり，吸入すると粘膜への刺激や気管支炎の原因となる．窒素酸化物は，炭化水素とともに光化学スモッグの原因となる．

　排ガス中の NOx 濃度は，NOx コンバータを用いて NO_2 を NO に還元し，NO とオゾン O_3 を反応させて（$NO + O_3 \rightarrow NO_2^* + O_2$），励起状態の NO_2^* から基底状態の NO_2 に復帰する際に生じる**化学発光** (Chemical Luminescence: **CL**)（$NO_2^* \rightarrow NO_2 + h\nu$，中心波長 1200 nm 付近）の強度が NO 濃度と比例することから測定する．

● **粒子状物質 PM**

　粒子状物質 PM は **Particulate Matter** の略であり，固体および液体の微粒子の総称である．また，大気中に浮遊している粒径約 10 μm 以下の PM を浮遊粒子状物質 (Suspended Particulate Matter: SPM) とよぶ．PM は，ディーゼルエンジンやガソリン気筒内直接噴射エンジン（直噴ガソリンエンジン）のように，リッチ混合気が拡散燃焼または部分予混合燃焼する過程で発生する．PM は人体に有害であり，人間が PM を吸い込むと，気管，肺などの呼吸器に沈着して健康被害を誘発する．

　PM は，排ガスの一部または全量をろ過した清浄な空気によって希釈し，希釈排ガスを捕集フィルターに通過させ，捕集フィルターに捕集された PM の質量から測定する．

また，希釈排ガスの単位体積中の固体状粒子の個数から，総粒子個数濃度 (Particulate Number: PN) を測定する方法もある．

● 二酸化炭素 CO_2

二酸化炭素 CO_2 は，炭化水素燃料中の炭素が酸化して生成された安定した化合物である．CO_2 は分子量 44 で常温・常圧では無色・無臭の気体であり，水に比較的よく溶け，水溶液は弱酸性を示す．CO_2 は大気中に約 400 ppm 存在し，低濃度では人体に無害であるが，濃度が数％以上になると死に至る場合がある．大気中の CO_2 は 15 µm 付近の赤外線に吸収帯をもち，地球が宇宙に放出する赤外線を吸収して再び熱エネルギーとして放出するため，温室効果ガスといわれる．また，自動車の燃費規制とは，排出される二酸化炭素量の規制ともいえる．

排ガス中の CO_2 濃度は，一般に非分散形赤外線吸収法により測定する．

● 硫黄酸化物 SOx

硫黄酸化物 SOx は硫黄の酸化物の総称であり，エンジンからは主に二酸化硫黄 SO_2 および三酸化硫黄 SO_3 が排出される．SO_2（亜硫酸ガス）は分子量 64 で常温で無色，刺激臭のある気体で，吸入することで呼吸器疾患の原因となる．SO_3（無水硫酸）は分子量 80 で常温では固体または液状，排ガス中では気体であり，水と化学反応して硫酸となるため酸性雨の原因物質である．SOx は燃料に含まれる硫黄から生成される．工場などでは燃焼後の排ガスから排煙脱硫装置を用いて石灰石などの吸収剤に吸着させて SOx を除去する．しかし，自動車には脱硫装置を搭載できないため，あらかじめ燃料中の硫黄分を水素化脱硫装置などによって除去する．日本では，ガソリンおよび軽油に含まれる硫黄分は JIS K 2202:2012, JIS K 2204:2007 で 0.0010 wt％以下と規定されている．

排ガス中の SOx の排出量は，使用燃料の硫黄含有量から求める．

例題 9.1 光化学スモッグとエンジンからの排出物との関連を調べよ．

解答 光化学スモッグは，気体の光化学オキシダントと固体の硝酸塩や硫酸塩などの微粒子からなる．光化学オキシダントは，オゾン O_3，ペルオキシアシルナイトレート (Peroxyacyl Nitrates: PAN, $RC(O)O_2NO_2$) などの酸化性物質（オキシダント）とアルデヒド (R-CHO) 類からなり，大部分が O_3 である．二酸化窒素 NO_2 が太陽光の紫外線を吸収し，一酸化窒素 NO と酸素原子 O に分解され ($NO_2 + h\nu \rightarrow NO + O$)，O が酸素分子 O_2 と結合して O_3 となる ($O + O_2 \rightarrow O_3$)．また，O_3 が NO と反応して NO_2 と O_2 となる ($O_3 + NO \rightarrow NO_2 + O_2$)．これらの反応は平衡状態となり，NO, NO_2 および O_3 は一定濃度となる．しかし，非メタン炭化水素 (NMHC) のような揮発性有機化合物 (Volatile

Organic Compounds: VOC) が存在すると，VOC が OH ラジカルや O_3 などと反応しアルキルペルオキシラジカル $R\dot{O}_2$ が生成され，$R\dot{O}_2$ が NO と反応してアルコキシラジカル $R\dot{O}$ が生成される．この反応と O_3, NO が NO_2, O_2 となる反応とが競合するため平衡状態がずれ，O_3 濃度が高い状態で平衡となる．また，$R\dot{O}_2$ は NO, NO_3 や $R\dot{O}_2$ と反応して $R\dot{O}$ となる．$R\dot{O}$ は，分解反応により R-CHO などを生成する．R-CHO は，OH ラジカルや O_2 と反応してアシルペルオキシラジカル $RC(O)\dot{O}_2$ を生成し，さらに $RC(O)\dot{O}_2$ が NO_2 と反応し，PAN が生成される．

9.1.1 空燃比の影響

一酸化炭素 CO および炭化水素 HC は燃料の不完全燃焼によって発生するために，その生成は空燃比に強く依存する．また，窒素酸化物 NOx も混合気中の酸素によって生成されるため，温度とともに空燃比に依存する．**図 9.1** に空燃比と各排出ガス成分濃度，出力，正味燃料消費率の関係を示す．ガソリンエンジンの場合は均質燃焼であるため，各排出ガス成分濃度は混合気の空燃比によって定まる．ディーゼルエンジンの場合は不均質燃焼であるため，燃焼室内の局所的な空燃比は時間的，場所的に変化するものの，局所空燃比と各排出ガス成分の関係は均質燃焼と同様である．

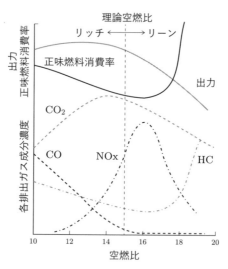

図 9.1　空燃比と有害排出ガス成分濃度の関係

CO 濃度は空燃比のみによって決まり，空燃比がリッチからリーンになるに従って酸素濃度が増加して CO の酸化が促進されるため，ほぼ直線的に低下し，理論空燃比以降で 0 付近となる．HC 濃度も CO 濃度と同様に空燃比がリーンになるに従って低下するものの，空燃比 16 付近で最低となり，その後混合気のリーン化によって不完全

燃焼が生じるため増加する．NOx 濃度は，空燃比と温度の影響を受けるため，リッチから理論空燃比へとリーンになるに従って酸素濃度の増加により増加し，空燃比 16 付近で最大となり，さらに空燃比がリーンになると燃焼温度が低下するために減少する．

9.1.2 窒素酸化物 NOx と粒子状物質 PM

エンジンの燃焼室内において，窒素酸化物 NOx は高温のリーン領域で生成され，粒子状物質 PM は比較的低温のリッチ領域で生成される．また，NOx は火炎の反応帯または反応帯外側付近，PM は火炎の反応帯の内側で生成され，それぞれ生成される条件と場所が異なる．したがって，ディーゼルエンジンや直噴ガソリンエンジンのように，燃焼室内の燃料と空気の混合状態が均一ではない場合は NOx と PM が生成され，NOx と PM は生成条件が正反対なため，燃焼によって両者を同時に削減することは困難である．つまり，PM が減少する高温希薄燃焼では NOx が増加し，NOx が減少する低温リッチ燃焼では PM が増加する．これをトレードオフの関係という．

9.2 有害排出ガス成分の生成メカニズム

有害排出ガス成分の生成メカニズムは成分ごとに異なり，また空燃比と温度等の雰囲気条件に影響されるため，すべての成分を同時に低減することは困難である．ここでは，各有害排出ガス成分の生成メカニズムを解説する．

9.2.1 一酸化炭素 CO

CO は，酸素不足による不完全燃焼または燃焼温度が不十分であることで生成される．また，CO は次式によって二酸化炭素に酸化されるが，この反応が平衡状態にある場合，燃焼室内の温度が 1700 ℃以上になると，式 (9.1) の逆反応により CO_2 の一部が CO と酸素原子 O に分離する熱解離が無視できなくなる．熱解離は吸熱反応であるため，高温になるほど，CO_2 濃度が増加するほど CO が増加する．

$$CO + \frac{1}{2}O_2 \rightleftarrows CO_2 \tag{9.1}$$

熱解離で生成された CO は，燃焼温度が低下した場合や燃焼室壁面や第三体との衝突によって失活すると，反応が凍結され排出される．

9.2.2 未燃炭化水素 HC

未燃炭化水素 HC は，燃料の不完全燃焼により燃料が完全に酸化されずに排出された酸化過程途中の炭化水素と，まったく燃焼せずに排出された燃料からなる．酸化過程途中の HC は，燃焼場において酸素が不足した場合，またはリーンバーン時や残留

ガスが非常に多く残留した場合などに，燃焼温度が燃料の熱分解や酸化に不十分であると生成される．また，燃焼が完全に終了しなかった場合，燃焼室内で部分的に失火した場合，ミスファイアによって点火しなかった場合も，未燃燃料がHCとして排出される．

燃焼が正常に完了した場合でも，ガソリンエンジンではピストンリングとシリンダ壁のすきまであるリングクレビスに残る圧縮された混合気は消炎範囲にあり，燃焼することなく未燃混合気として排出される．また，燃焼室壁面近傍では燃焼ガスの温度が低下するため，火炎が伝播せず未燃混合気が排出される．そのほか，エンジンオイル層およびデポジットに溜め込まれた燃料や，吸気ポートおよびシリンダ内に液体状態で存在した燃料もHCとして排出される．また，バルブオーバーラップが非常に大きく回転速度が低い場合，吸入された混合気が直接排気されることでHCとなる．

ディーゼルエンジンの場合，通常は燃焼室全体の空気過剰率が1以上であるためリーンバーンであるが，燃料噴射直後にはリッチ燃焼となるためHCが発生する．燃焼期間内にこのHCが酸化されない場合は排ガス中に放出される．また，噴射された燃料の貫通力が強くピストンの表面に燃料が付着した場合，この燃料はピストン壁面への熱伝達のため燃焼せず，燃焼中に蒸発しないとHCとして排出される．さらに，燃料噴射時期が極端に遅い場合は燃焼が完全に完了せず，HCが排出される．

9.2.3　窒素酸化物 NOx

エンジンから排出されるNOxは主にNOとNO$_2$であるが，エンジン内部の燃焼過程において生成されるNOxの90%以上がNOである．NOxは，燃焼室に吸入された空気中の窒素を起源としてリーン状態の火炎帯後流中で**拡大ゼルドビッチ機構**とよばれる化学反応によって生成されるサーマル (Thermal) NOxと，リッチ状態の火炎中で生成されるプロンプト (Prompt) NOx，燃料に含まれている窒素を起源として生成されるフューエル (Fuel) NOxに大別される．エンジンの燃焼によって生成されるNOは，一般に拡大ゼルドビッチ機構によるサーマルNOxが支配的であり，NOは燃焼反応後から高温帯で緩やかに生成され，燃焼終了とともに一定値になる．

● サーマル NOx

空気中の窒素を起源とし，拡大ゼルドビッチ機構によって火炎帯後流で生成されるNOxである．拡大ゼルドビッチ機構における活性化エネルギーは非常に高いため，NO生成量は温度に強く依存する．以下の式 (9.2)〜(9.5) の反応式に示されるように，NO生成速度は酸素原子O濃度および窒素N$_2$濃度に比例し，反応速度定数は温度上昇に従って増加する．そのため，NOの生成速度は，温度上昇と酸素濃度増加によって増

加する. また, 高温域での滞留時間が長いほど NO 生成量は多くなる.

$$O_2 \rightleftarrows 2O \qquad\qquad 高温での酸素分子の分解反応 \tag{9.2}$$

$$O + N_2 \rightleftarrows NO + N \tag{9.3}$$

$$N + O_2 \rightleftarrows NO + O \tag{9.4}$$

ゼルドビッチ機構 拡大ゼルドビッチ機構

$$N + OH \rightleftarrows NO + H \tag{9.5}$$

● プロンプト NOx

空気中の窒素を起源とし, 拡大ゼルドビッチ機構以外の反応によって生成される NOx である. 一般に, リッチ時の炭化水素の熱分解物過程において炭化水素 CH_x が N_2 と化合し, HCN および活性種が発生することで生成される. 以下の式 (9.6)〜(9.8) に示されるように, C, CH, CH_2 などと N_2 が反応してできる N, HCN, CN, NH_i などが, 式 (9.9)〜(9.12) によって酸化されることでプロンプト NOx が生成される. HNC は混合気がリッチであるほど増加し, プロンプト NOx の生成が増加する.

$$CH_2 + N_2 \rightleftarrows HCN + NH \tag{9.6}$$

$$CH + N_2 \rightleftarrows HCN + N \tag{9.7}$$

$$C + N_2 \rightleftarrows CN + N \tag{9.8}$$

$$N + O_2 \rightleftarrows NO + O \tag{9.9}$$

$$HCN + OH \rightleftarrows CN + H_2O \tag{9.10}$$

$$CN + O_2 \rightleftarrows NO + CO \tag{9.11}$$

$$NH_i \xrightarrow{O_2} NO + \frac{i}{2}H_2O \tag{9.12}$$

● フューエル NOx

燃料中の窒素を起源とし, 燃料中の芳香族化合物のアニリン (Aniline, C_6H_7N), 複素環式芳香族化合物のピリジン (Pyridine, C_5H_5N), ピロール (Pyrrole, C_4H_5N) などの窒素分から, 熱分解過程により N, C, HCN および NH_3 を経て生成される.

9.2.4 粒子状物質 PM

PM は図 9.2 に示すような構造であり, 房状に凝集した炭素質の固体粒子 (soot) の周囲に, 可溶性有機成分 (Soluble Organic Fraction: SOF) と液状炭化水素粒子や燃料中の硫黄に起因する硫酸塩が吸着したものである. ここで, SOF とは, ジクロロメタン $C_2H_4Cl_2$ を抽出溶媒とするソックスレー抽出法によって溶媒に溶出した成分であり, 溶出されない成分を不可溶性成分 (Insoluble Fraction: ISF) という. SOF の

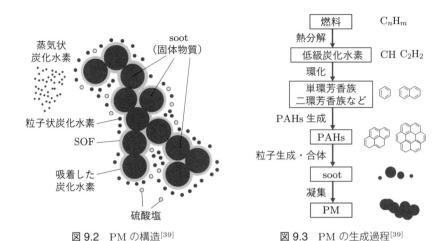

図 9.2　PM の構造[39]　　　　図 9.3　PM の生成過程[39]

主成分は未反応の軽油の高沸点分であり，その他は軽油の部分酸化物および部分炭化物の高沸点分である．ISF は，soot（Elemental Carbon: EC，原子状炭素），多環芳香族系炭化水素 (Polycyclic Aromatic Hydrocarbon: PAH)，硫酸塩および灰分からなる．

　PM は，火炎の反応帯内側で比較的温度の低くかつ酸素濃度の低い領域で生成され，**図 9.3** に示すような，以下の過程によって生成されると考えられている．

① 炭化水素燃料の熱分解によって，メチン CH などの CH_x（C1 化学種）やアセチレン C_2H_2 などの C_2H_x（C2 化学種）などの低級分子量の炭化水素が生成される．

② 単環芳香族のベンゼン C_6H_6 は，プロパギルラジカル C_3H_3 の二量化によって生成されると考えられ，C1, C2 化学種が C3, C4 化学種の生成を経て，C_6H_6 や二環芳香族のナフタレン $C_{10}H_8$ など比較的小さな PAHs が形成されると考えられている．

③ PAHs が多環化，高分子化し，粒径 1 nm 程度の PAHs が生成すると考えられている．PAHs の成長機構として，HACA (Hydrogen Abstraction C_2H_2 Addition) 機構やフェニルラジカル C_6H_5 付加環化（Phenyl Addition/Cyclization: PAC）機構などが提案されている．

④ PAHs が集合して脱水素重合することで，数 nm 程度の soot の核である初期粒子が形成され，初期粒子の表面では脱水素反応とアセチレン付加反応などの成長反応と酸化反応による縮小とが競合しながら成長し，また，粒子どうしが合体して数十 nm 程度の球状の soot 粒子を形成すると考えられている．

⑤ soot 粒子どうしの衝突によって，球状の soot 粒子が互いに付着・凝集して鎖状または房状となり，数百 nm 程度の粒子へと成長する．

⑥ 燃焼場で酸化されなかった soot 粒子は，周囲温度の低下に伴い，液体化または固体化した未燃の PAHs を含む炭化水素や硫化物などを表面に付着しながら凝集して PM へと成長し，排気管を流動しながら凝集を繰り返し大気中に放出される．

また，次式から，酸素不足（リッチ状態）の場合には，$n > 2k$ または C/O が 1 以上であることが原子状炭素 C_S が生成される条件となる．

$$C_nH_m + kO_2 \rightarrow 2kCO + \frac{m}{2H_2} + (n - 2k)C_S \tag{9.13}$$

炭素成分は soot として排出され，PM 質量中の 30～80％程度であり，SOF は PM 質量中の 20～60％の範囲で変動し，PAHs は PM 質量中のおよそ 0.5～0.7％程度であるとされる．また，硫酸塩は，自身の 1.3 倍程度の結合水を含む状態で排出され，その質量は燃料中の硫黄含有率に依存する．灰分は，燃料および潤滑油中の金属化合物から生成される．

ディーゼルエンジンでは，燃焼室内に噴射された燃料が拡散燃焼する反応帯の内側の，比較的温度の低い燃料リッチ領域で soot が生成される．したがって，soot は燃料噴霧による拡散火炎の中心付近で生成される．生成された soot は燃料噴霧の進行によって燃焼室内の酸素によって酸化され，残留した soot が PM へと成長する．

直噴ガソリンエンジンは，圧縮行程終了直前に燃料を噴射してシリンダ内の混合比を不均一とする層状吸気の場合と，吸気行程中に燃料を噴射して均一混合気を形成する場合がある．層状吸気の場合，燃料リッチ領域において PM が形成される．均一混合気の場合も，吸気マニホールドで燃料を噴射するポート噴射と比較すると，不均質な混合気になりやすく，燃料リッチ領域が形成される場合がある．冷間始動時では，ピストン頭頂部に付着した燃料による拡散燃焼（プール燃焼とよばれる）やインジェクター先端に残る燃料により PM が生成される場合がある．また，ガソリン中の芳香族類が多い場合に soot 生成量が増加する傾向がある．

9.3 有害排出ガス成分の低減方法

有害排出ガス成分の低減方法は，ガソリンエンジンとディーゼルエンジンで異なり，また燃焼時の生成量（エンジンアウトエミッション）を低減する方法と，排気後に後処理によって低減する方法に大別される．

9.3.1 エンジンアウトエミッションの低減

エンジンアウトエミッションとは，エンジンから排出された有害排出ガス成分を排気後処理する前に測定したものである．燃焼条件を変更することで，エンジンアウトエミッションを低減できる．燃焼がエンジンアウトエミッションに直接影響を与えるため，ガソリンエンジンとディーゼルエンジンに分けて低減方法を解説する．

(1) ガソリンエンジン

● リーンバーン

排ガス成分の濃度は混合比に強く影響されるため，リーンバーンによって一酸化炭素 CO は減少する．また，混合比 16 程度のリーンバーンの場合，CO および炭化水素 HC 排出量は低減されるものの，窒素酸化物 NOx 濃度は増加する．混合比 16 以上のリーンバーンの場合，CO と燃焼温度の低下から NOx が減少するものの，リーンバーンによって燃焼速度が低下し，等容度が悪化するため熱効率が低下する．

● 排ガス再循環

EGR を与えると，温度低下および燃焼反応場における酸素濃度低下が起こり，NOx 排出量が減少する．しかし，EGR を大量に増加させると，燃焼温度低下および燃焼速度の低下による等容度の低下により，熱効率が低下する．

● 点火時期の遅角

点火時期を遅角することによって，最高燃焼圧力が減少するために最高温度が低下し，NOx 排出量が減少する．しかし，熱効率は低下する．

● 気体流動

直噴ガソリンエンジンの均一混合気形成の場合，スキッシュ流，スワール流やタンブル流などの気体流動によって空気と燃料の混合を促進し，局所的なリッチ混合気の生成を避け，混合気を均一にすることで PM 生成を抑制する．

(2) ディーゼルエンジン

● 高圧力燃料噴射

コモンレール式燃料噴射装置によって燃料噴射圧力を増加することで，燃焼室内に噴射される燃料を微粒化する．燃料の微粒化によって，燃料と空気の拡散混合が促進され，燃料の酸化が促進するため PM 排出量は減少する．しかし，燃焼温度の上昇によって，NOx 排出量は増加する．

● 燃料噴射時期の遅角

燃料噴射時期を遅角すると，最高燃焼圧力および最高温度が低下し，NOx 排出量が

減少する．しかし，熱効率は低下する．

● 多段燃料噴射

電子制御式燃料噴射装置を用いて複数回燃料を噴射し，メイン噴射の燃料噴射量を抑制することで，最高燃焼温度を低下させ，NOx 排出量が減少する．

● 排ガス再循環

ディーゼルエンジンは燃焼室内全体では空気過剰であるが，EGR によって吸入する空気量が減少し，酸素濃度が減少する．同一燃焼噴射量において EGR を行った場合，酸素濃度低下による反応の抑制と排ガス中の二酸化炭素と水蒸気によるモル比熱の増加によって，燃焼温度が低下し NOx 排出量が減少する．しかし，過度に EGR を行うと，燃焼温度の低下から CO および HC 排出量が増加する場合がある．

ディーゼルエンジンは，一般に，スロットルバルブがなく大気圧力の空気を吸入するため，高圧 EGR を用いる．EGR クーラーで排ガスを冷却するものの，比較的温度の高い排ガスが空気と混合するため吸気温度が上昇する．また，低圧 EGR も用いられることがあり，この場合は EGR クーラーおよび吸気圧力を低下させるスロットルバルブから構成される．

● 気体流動

直噴ディーゼルエンジンの場合，燃焼室内空気のスワール流と多段燃料噴射によって燃料と空気の混合を促進することで PM の生成を抑制する．しかし，多孔噴射ノズルの場合，燃料噴射の貫通力が弱いと，スワール流によって隣接する孔からの燃料噴霧が重複して，局所的に燃料濃度が増加する場合がある．

9.3.2 排気後処理装置

エンジンから排出された有害排出ガス成分は，**排気後処理装置**を用いて除去する．不完全燃焼によって発生する一酸化炭素 CO および炭化水素 HC は酸化することで，窒素酸化物 NOx は還元することで除去し，粒子状物質 PM はフィルターによって除去する．ここでも，ガソリンエンジンとディーゼルエンジンに分けて解説する．

(1) ガソリンエンジン

ガソリンエンジンの排ガス中の CO, HC, NOx は，**三元触媒**を用いて同時に除去する．図 9.4 に示す三元触媒とは，酸化雰囲気で式 (9.14) によって CO を二酸化炭素に，式 (9.15) によって HC を水と二酸化炭素に酸化し，還元雰囲気で式 (9.16) によって NOx を窒素に還元する，酸化と還元を同時に行う触媒である．

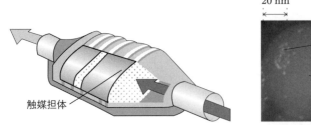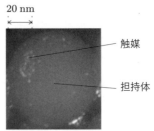

触媒

担持体

20 nm

(阿部英樹, 自動車排出ガス触媒の現状と将来,
科学技術動向 2010 年 12 月号, pp.8-16,2010 より引用)

触媒担体

図 9.4　三元触媒

$$CO + \frac{1}{2}O_2 \rightarrow CO_2 \tag{9.14}$$

$$C_nH_m + \left(n + \frac{m}{4}\right)O_2 \rightarrow nCO_2 + \frac{m}{2}H_2O \tag{9.15}$$

$$NOx \rightarrow \frac{x}{2}O_2 + \frac{1}{2}N_2 \tag{9.16}$$

実際の NOx の還元反応は，CO と HC が還元剤となり，式 (9.14)～(9.16) の混合反応となる．また，図 9.5 に示すように，三元触媒はリーン条件では CO および HC の浄化率が高く，リッチ条件では NOx の浄化率が高くなる．よって，酸化と還元を同時に行うために，混合比を理論混合比付近（浄化ウインドウ）に正確に制御する必要がある．

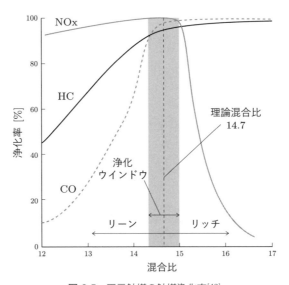

図 9.5　三元触媒の触媒浄化率[42]

　三元触媒には触媒としてプラチナ Pt，パラジウム Pd，ロジウム Rh，助触媒として酸化セリウム CeO_2 などが使用される．Pt と Pd は CO と HC の酸化，Rh は NOx の還元を行う．CeO_2 は，リッチ条件では酸素を放出，リーン条件では酸素を貯蔵し，触媒の活性化に寄与する．粒径数 nm の Pt, Pd, Rh は，直径数十 nm の耐熱性酸化物である二酸化ケイ素 SiO_2，酸化アルミニウム Al_2O_3 および CeO_2 を主成分とする担持体の表面に，触媒活性点として分散し担持される．担持体は，セラミックや金属で成形された触媒担体の表面に担持される．これはモノリス触媒とよばれ，触媒担体の断面はハニカム構造とし，排ガスとの接触面積を大きくする．

　三元触媒の経年劣化は，ガソリン中の硫黄 S や潤滑油中のリン P による触媒表面の被覆（触媒被毒）や，触媒が機能する 300 ℃以上において触媒が凝集・融合する粒成長による表面積低下などによる．

　三元触媒は理論混合比付近においてもっとも効率的に作動し，ガソリンエンジンは理論混合比付近で運転するともっとも熱効率が高くなるため，排ガス清浄化と高熱効率を同時に実現できる優れた方法である．しかし，吸入空気量を正確に計量して燃料量を決定し，また，排ガス中の酸素濃度を O_2 センサで測定し，フィードバック制御することで理論混合比とする必要がある．そのため，これらの情報から燃料噴射量を制御する電子制御式燃料噴射装置や制御システムが必要となる．また，エンジン始動直後のような常温付近では酸化還元能力が低く，触媒を排気マニホールド直後に取り付けるなどの加熱方法が必要となる．しかし，過度に加熱された場合や触媒に多量の未燃焼ガスが流入し過剰に反応した場合，触媒が過熱して損耗する．また，冷間始動時に，HC を一時的に超微細多孔性の結晶であるゼオライトなどの HC 吸着剤にトラップし，触媒が活性化したのち三元触媒で浄化する手法もある．

(2) ディーゼルエンジン

　ディーゼルエンジンの燃焼は，燃焼室全体ではリーンバーンとなるために酸素過剰であり，三元触媒では NOx を除去できない．また，固体である PM も除去する必要があり，排気後処理装置はガソリンエンジンと比較して複雑になる．ディーゼルエンジンの排気後処理装置は，**図 9.6** に示すように，一般に CO と HC を酸化するための**酸化触媒 (Diesel Oxidation Catalyst: DOC)**，PM を除去するための**ディーゼルパーティキュレートフィルター (Diesel Particulate Filter: DPF)**，NOx を還元するための尿素を用いた **NOx 選択還元触媒（Selective Catalystic Reduction: 尿素 SCR）**または **NOx 吸蔵還元触媒 (NOx Storage-Reduction)** で構成される．NOx 選択還元触媒は，NOx 吸蔵還元触媒と比較して NOx 除去効果に優れるものの，付加装置のため高価となり，また尿素水の供給が必要となる．

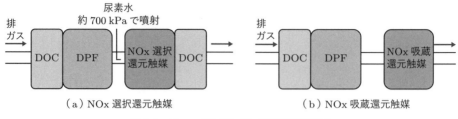

図 9.6 ディーゼルエンジン排気後処理装置

● 酸化触媒 (DOC)

ディーゼルエンジンの排ガスには酸素が残留するため，DOC によって排ガス中の CO，HC および PM 中の SOF を水と二酸化酸素に酸化することで除去する．この反応過程は，三元触媒と同様に式 (9.14)，(9.15) である．しかし，DOC は軽油中の硫黄から生成された気体である二硫化硫黄 SO_2 を酸化して無機化合物である硫酸塩を生成するために，PM 排出量が増加する場合がある．DOC は，触媒としてプラチナ Pt またはパラジウム Pd を担持体に担持する．

● ディーゼルパーティキュレートフィルター (DPF)

PM は，DPF によって捕集される．また，捕集された PM を酸化することで，間欠的または連続的にフィルターを再生する．DPF は再生時の高温に耐えるためコージライト $2MgO \cdot 2Al_2O_3 \cdot 5SiO_2$ や炭化ケイ素 SiC などの微細多孔質のセラミックが用いられ，図 9.7 に示すように，片端が交互に閉じられたハニカム構造であり，厚さ 0.1 mm 程度のろ過壁を排ガスが通過する際に PM が除去される．連続で使用しているとフィルターに soot や PM が蓄積し除去効率の低下などが起こるため，間欠式再生方式または連続式再生方式によってフィルターを再生する．

図 9.7 DPF

(1) 間欠式再生方式

間欠式再生方式は強制再生式ともよばれ，フィルターに soot や PM が蓄積し排気圧

力が増加した場合に間欠的に DPF を再生する．再生は，排ガス中に噴射された燃料を DPF 前段の DOC によって酸化し，排ガスを昇温させて DPF 内の soot や PM を燃焼させることによって行う．また，soot は 550〜600 ℃以上でないと燃焼しないため，DPF フィルターに Pt や Pd などの酸化触媒を担持することで，おおむね 450 ℃以上において酸化を促進する．しかし，過度の強制再生は，燃費の悪化やフィルターの溶損を招く可能性がある．再生での反応は，以下の式 (9.17), (9.18) による．

$$C + \frac{1}{2}O_2 \to CO \tag{9.17}$$

$$CO + \frac{1}{2}O_2 \to CO_2 \tag{9.18}$$

(2) 連続式再生方式

連続式再生方式では，DPF 前段の DOC で排ガス中の酸素によって CO, HC, SOF とともに NO を酸化して NO_2 を生成し，NO_2 によって DPF に堆積した PM を酸化する．NO_2 と PM 中の C との反応は 250 ℃付近から始まるため，比較的低温で PM を酸化することができる．前段の DOC での反応は，次式である．

$$NO + \frac{1}{2}O_2 \to NO_2 \tag{9.19}$$

後段の DPF での反応は，以下の式 (9.20)〜(9.22) となる．式 (9.20) から，soot や PM を炭素 C と考えると，分子量から，NO_2 は C に対して質量比で 7.7 以上が必要となる．

$$C + 2NO_2 \to CO_2 + 2NO \tag{9.20}$$

$$C + NO_2 \to CO + NO \tag{9.21}$$

$$C + \frac{1}{2}O_2 + NO_2 \to CO_2 + NO \tag{9.22}$$

● NOx 選択還元触媒

NOx 選択還元触媒は，火力発電所などのアンモニア脱硝装置と同様の原理で，32.5 wt%の尿素を含む尿素水を還元剤として，インジェクターによって NOx 選択還元触媒直前に燃料に対して 3〜5 %程度給する．尿素 $CO(NH_2)_2$ は，排ガスの熱によって以下の式 (9.23), (9.24) の反応で加水分解してアンモニア NH_3 となり，鉄ゼオライト系触媒や銅ゼオライト系触媒によって NOx を選択還元する．

$$CO(NH_2)_2 \to NH_3 + HCNO \tag{9.23}$$

$$HCNO + H_2O \to NH_3 + CO_2 \tag{9.24}$$

NOx は以下の反応によって還元され，温度約 250 ℃以上が必要となる．

$$NO + NO_2 + 2NH_3 \rightarrow 2N_2 + 3H_2O \tag{9.25}$$

$$4NO + 4NH_3 + O_2 \rightarrow 4N_2 + 6H_2O \tag{9.26}$$

$$6NO_2 + 8NH_3 \rightarrow 7N_2 + 12H_2O \tag{9.27}$$

NOx の還元反応に使用されなかった NH_3（アンモニアスリップ）は，後段に設置した酸化触媒 (DOC) によって，次式の反応で酸化して排ガス中から除去する.

$$4NH_3 + 3O_2 \rightarrow 2N_2 + 6H_2O \tag{9.28}$$

● **NOx 吸蔵還元触媒**

NOx 吸蔵還元触媒は，**図 9.8** に示すように，リーンバーン時にエンジンから排出される NO を Pt を触媒として酸化して NO_2 とし，塩基性物質である吸蔵剤バリウム Ba などに硝酸塩 (NO_3^-) として一時的に吸蔵させる. NOx の吸蔵量が増加すると，極短時間の燃料過剰燃焼（リッチスパイク）によってリッチ雰囲気の排ガスを流入させ，排ガス中の CO や HC を触媒上で NO_2 によって酸化することで，NO_2 を窒素 N_2 に還元する. ただし，硫黄酸化物 SOx は NOx よりも触媒に吸蔵されやすいため，SOx の被毒再生には触媒を 600℃以上とし，硫黄分を放出させる必要がある.

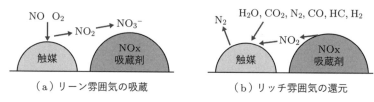

（a）リーン雰囲気の吸蔵 　　　　　　（b）リッチ雰囲気の還元

図 9.8 NOx 吸蔵還元触媒[42]

演習問題

9.1 ガソリンエンジンとディーゼルエンジンから排出される有害排出ガス成分について，その種類，特徴，除去方法をまとめよ.

9.2 ガソリンエンジンとディーゼルエンジンで用いられる排気後処理装置の特徴を述べ，ガソリンエンジンとディーゼルエンジンで有害排出ガス成分の除去方法が異なる理由を考察せよ.

9.3 ディーゼルエンジンにおいて，排ガス中の窒素酸化物 NOx と粒子状物質 PM を同時に低減することが困難な理由を考察せよ.

 エンジンの潤滑と冷却

エンジンの部品を摩耗や劣化から守り，また部品の耐久性を向上させるために必要な潤滑と冷却の基礎について，基本理論と関連付けて説明する．

10.1 エンジンの潤滑

10.1.1 エンジン内の摩擦と潤滑の基礎

往復動式容積型内燃機関であるガソリンエンジンとディーゼルエンジンでは，ピストンの往復運動をクランク機構によって回転運動に変換するために，往復運動する部品に**摺動摩擦**が，回転する部品に**回転摩擦**が発生する．また，カムなどを駆動する歯車やチェーンにも摩擦が発生し，油ポンプ，水ポンプおよび発電機などのエンジンの運転に必要な補機の運転にも回転摩擦が発生する．この摺動摩擦および回転摩擦を軽減するために，転がり軸受およびすべり軸受が用いられる．また，摩擦力を低下するため，および部品の摩耗を軽減し耐久性を向上するために，潤滑油が用いられる．

(1) 転がり軸受

転がり軸受は，図 10.1 のように外側軌道輪と内側軌道輪の間に転動体である玉やころを挿入し，転動体が転がり運動をする軸受である．転がり軸受は，荷重が軸受の軸直径方向にはたらくラジアル軸受と軸方向にはたらくスラスト軸受に大別される．

転がり軸受は，静止摩擦係数が低く比較的小さな力で起動でき，また静止摩擦係数と動摩擦係数の差が小さいことが特徴である．転がり軸受の摩擦モーメント M は次式で表される．転がり軸受の摩擦係数 μ は荷重条件，回転速度，潤滑方法，しめしろなどの取り付け状態によって異なるが，おおむね 0.001〜0.003 程度である．

$$M = \mu P \frac{d}{2} \tag{10.1}$$

ここで，M は摩擦モーメント [mN·m]，P は軸受荷重 [N]，d は軸径 [mm] である．

転がり軸受は，静的な変形に関する**基本静定格荷重** C_0 と，寿命に関する**基本動定格荷重** C によって選定する．転がり軸受は，過大な静荷重や衝撃荷重を受けると転動体と軌道との接触面に局部的な永久変形が生じて回転が妨げられる．基本静定格荷重 C_0 は，転動体と軌道との接触部中央において計算接触応力（ころ軸受 4000 MPa，玉軸受 4200 MPa）に対応する静荷重と規定され，転動体と軌道の永久変形量の和が転動

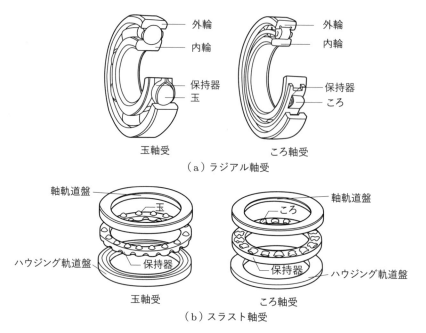

（a）ラジアル軸受

（b）スラスト軸受

図 10.1 転がり軸受の種類[46]

体の直径の約 0.0001 倍になる静的荷重である．基本動定格荷重 C は，転がり軸受の動的負荷能力を表し，10^6 回転において基本定格寿命（90%の軸受が材料の損傷をせずに回転できる回転数）となる一定荷重である．なお，軸受の基本定格寿命 L（$\times 10^6$ 回転）は，玉軸受 $L = (C/P)^3$，ころ軸受 $L = (C/P)^{10/3}$ である．また，ラジアル軸受とスラスト軸受の定格荷重をそれぞれラジアル定格荷重，アキシアル定格荷重という．

例題 10.1 クランク軸を基本静格荷重 $C_0 = 38500\,\mathrm{N}$，基本動定格荷重 $C = 62000\,\mathrm{N}$ の玉軸受 2 個で支持する．ピストン直径 80.00 mm の場合，玉軸受が耐えうる最大燃焼圧力およびその 1/20 の圧力が発生し続けた場合の軸受の寿命を推定せよ．

解答 最大圧力を $p\,[\mathrm{Pa}]$，ピストンの断面積を $A\,[\mathrm{m}^2]$ とする．ピストンに生じる荷重 P を 2 個の軸受で支持するため，$P = pA/2\,[\mathrm{N}]$ となる．よって，基本動定格荷重 C_0 から，

$$p = 2\frac{P}{A} = 2\frac{C_0}{A} = \frac{2 \times 38500}{0.08^2(\pi/4)} = 15.32 \times 10^6\,\mathrm{Pa} = 15.32\,\mathrm{MPa}$$

となる．また，基本定格寿命 L は，

$$L = \left(\frac{C}{pA/20}\right)^3 = \left\{\frac{62000}{15.32 \times 10^6 \times 0.08^2 \pi/(4 \times 20)}\right\}^3 = 4175$$

となり，軸受の寿命は 4175×10^6 回転となる．

(2) すべり軸受

　すべり軸受は，軸と軸受が面で支持され，接触面に潤滑油による潤滑膜（油膜）を形成することで摩擦抵抗および軸受の摩耗を低減する軸受である．転がり軸受と比較して負荷能力が高く，高速性能や静粛性に優れ，適正に潤滑されていれば半永久的に使用できる．しかし，油膜が切れた場合や軸受部の摩擦による発熱が熱伝導の放熱以上の場合は，軸受材料が溶融し軸受に焼き付きが生じる．すべり軸受には，軸直径方向の荷重を受けるジャーナル軸受と軸方向の荷重を受けるスラスト軸受がある．

　すべり軸受は，潤滑流体膜厚さ h と軸と軸受の表面粗さ R から以下のように区別され，潤滑性能は油膜を形成する粘性流体の性質によって定まる．

- **境界潤滑** $h < R$：潤滑流体膜が十分に形成されない場合や軸受荷重が非常に大きい場合に潤滑層厚さが薄くなり，軸受と軸が直接接触して摩擦係数が大きくなる状態
- **混合潤滑** $h \fallingdotseq R$：軸と軸受面の表面粗さと潤滑膜厚さがほぼ同一の状態で，固体接触と流体潤滑が混在する状態
- **流体潤滑** $h > R$：油膜が比較的厚く，軸と軸受表面が潤滑油で完全に分離し，すべり面に接触が起こらない状態

　すべり軸受は流体潤滑であるのが理想的であり，境界潤滑は避けなければならない．また，コネクティングロッド大端部軸受の最小油膜厚さは $0.4 \sim 0.8\,\mu\mathrm{m}$ 程度である．

　すべり軸受における摩擦力は，**図 10.2** および次式に示す**ニュートンの粘性法則**に従って発生する．すなわち，潤滑油に発生するせん断応力 τ は，運動方向を x，それに垂直な方向を y とし，x 方向の速度成分を u とすると，

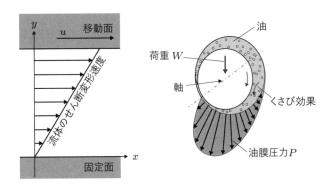

図 10.2　すべり軸受[46]

$$\tau = \mu \frac{du}{dy} \tag{10.2}$$

となり，粘性によるせん断によって発生する摩擦応力 τ は y 方向の速度勾配に比例し，比例定数が粘度 μ [Pa·s] である．μ が速度勾配 du/dy に無関係に一定な流体をニュートン流体という．潤滑油は，一般にニュートン流体と考えられる．

すべり軸受の回転面における潤滑状態は，図に示すように，軸の回転によって潤滑油がくさび作用によって軸の受圧側に巻き込まれ，高い圧力の潤滑油層が発生し，軸が軸受から浮き上がる．二つの固体面に挟まれた薄い流体膜に発生する圧力分布は，いくつかの仮定のもとにレイノルズ方程式から求めることができる．

また，ラジアル荷重を受けるすべり軸受において，ゾンマーフェルト数 S によって潤滑の状態を評価できる．ゾンマーフェルト数 S は次式で示される．

$$S = \frac{\mu n}{P} \left(\frac{r}{c}\right)^2 = \frac{(2+\varepsilon^2)\sqrt{1-\varepsilon^2}}{12\pi^2\varepsilon} \tag{10.3}$$

ここで，μ は潤滑油の粘度 [Pa·s]，n は軸回転速度 [rps]，P は軸受面圧 [Pa]，r は軸径 [mm]，c は軸受のすきま [mm]，ε は偏心率である．ゾンマーフェルト数はすべり軸受の特性を表す無次元数であり，ゾンマーフェルト数が小さくなるほど油膜厚さが薄くなり潤滑状態は過酷になるため，焼き付きやすくなる．

すべり軸受材料には，ホワイトメタル（スズ–鉛系合金），ケルメット（銅鉛合金），アルミニウム合金，亜鉛合金，カドミウム合金などがあり，また油を染み込ませた含油軸受として鋳鉄や焼結合金類，その他プラスチックが用いられる．エンジンではすべり軸受として，ケイ素入りアルミニウム合金軸受が多く用いられる．また，すべり軸受材の使用可能な運転許容範囲は，**図 10.3** に示すような PV 値によって判定することができる．ここで，P は軸受面圧 $P = W/(d \cdot L)$ [MPa]，W は軸受にかかる荷重 [N]，d は軸径 [mm]，L は軸受幅 [mm]，V はすべり速度 $V = \pi dn \times 10^{-3}$ [m/min]，

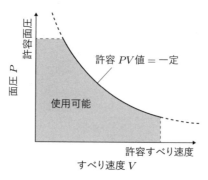

図 10.3　すべり軸受の PV 値

n は軸回転速度 [rpm] である.

10.1.2 エンジン内における摩擦

エンジン内の摺動摩擦は，往復運動による摺動摩擦としてピストンリングとシリンダの接触面，回転運動による摺動摩擦としてピストンピンとコネクティングロッドの小端部間で発生する．また，カムとバルブとの間にも摺動摩擦が発生する．**図 10.4** に示すように，ピストンにはたらく側圧 N を垂直抗力として，ピストンとシリンダに摺動摩擦が生じる．ピストン側圧 N は，燃焼室内圧力 p_g による力 F_g とピストンにはたらく慣性力 F_i の和となる．ただし，圧力による力はピストンを押す方向に，慣性力は加速度と逆方向に作用する．ピストン頭頂部の面積を A とし，コネクティングロッドとシリンダ中心のなす角を ϕ とすると，ピストン側圧 N は，

$$N = (F_g + F_i) \tan \phi = (p_g A + F_i) \tan \phi \tag{10.4}$$

となる．ここで，クランク角度 θ における上死点からのピストン位置 x は次式となる．

$$x = r(1 - \cos \theta) + l(1 - \cos \phi)$$
$$= r \left\{ (1 - \cos \theta) + \frac{l}{r} \left(1 - \sqrt{1 - \left(\frac{r}{l}\right)^2 \sin^2 \theta} \right) \right\} \tag{10.5}$$

式 (10.5) をフーリエ級数展開すると，近似的に次式となる．

$$x \approx r \left\{ (1 - \cos \theta) + \frac{r}{4l}(1 - \cos 2\theta) \right\} \tag{10.6}$$

式 (10.6) を時間で微分することにより，ピストンの速度 u

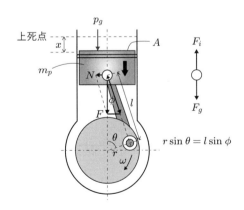

図 10.4　ピストン側圧

$$u = \frac{dx}{dt} = \frac{dx}{d\theta}\frac{d\theta}{dt} = \omega\frac{dx}{d\theta} = \omega r \left(\sin\theta + \frac{r}{2l}\sin 2\theta\right) \quad (\omega：角速度) \quad (10.7)$$

と加速度 α

$$\alpha = \frac{du}{dt} = \frac{du}{d\theta}\frac{d\theta}{dt} = \omega\frac{du}{d\theta} = \omega^2\frac{d^2x}{d\theta^2} = \omega^2 r \left(\cos\theta + \frac{r}{l}\cos 2\theta\right) \quad (10.8)$$

が得られ，ピストンの質量 m_p からクランク角度 θ における慣性力 F_i が得られる．

$$F_i = -m_p\alpha = -m_p\omega^2 r \left(\cos\theta + \frac{r}{l}\cos 2\theta\right) \quad (10.9)$$

ここで，r はクランク半径，l はコネクティングロッド長さ，ω は角速度である．

● ピストンリングとシリンダ

　実際のエンジンでは，圧力を受けるピストンの頭頂部はシリンダには直接接しておらず，ピストンリングがシリンダと接している．ピストンリングは，**図 10.5** に示すように，1 または 2 本のコンプレッションリングと 1 本のオイルリングからなる．コンプレッションリングは，燃焼室内で発生した高温高圧の燃焼ガスのクランクケースへの漏れを防ぐために用いられる．オイルリングは，ピストンが下降する際にシリンダに付着した潤滑油をかき落とし，潤滑油が燃焼室に入り燃焼が悪化することを防ぎ，潤滑油の消費を低減するために用いられる．コンプレッションリングによって発生する摩擦力は，燃焼による高圧ガスがコンプレッションリングの背後に回り込み，シリンダ壁に押しつけることによって生じる．よって，燃焼圧力が高いほど有効にコンプレッションリングが作用し燃焼ガスの漏れを防ぐことができるものの，摩擦力は増加する．また，摩擦力はコンプレッションリングを薄くすることで低減される．オイルリングによって発生する摩擦力は，オイルリングをピストンに取り付ける際の圧縮によりオイルリングをシリンダに押しつける力（垂直抗力）と，オイルリングとシリンダとの動摩擦係数によって求まる．

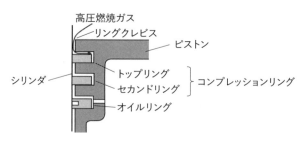

図 10.5 ピストンリング

● **クランクピン，ピストンピンとコネクティングロッド**

ピストンピンとコネクティングロッド小端部では摺動摩擦が発生し，クランクピンとコネクティングロッド大端部では回転摩擦が発生する．コネクティングロッド小端部および大端部はピストンから力を直接受けるため，摩擦力における垂直抗力は，上死点付近において燃焼室内の爆発圧力が最大になったときに最大となる．また，すべり軸受の場合に油膜厚さが最低となる．

● **カム**

カムとバルブ頭頂部との摩擦は，低回転速度領域でカム突起部がバルブを押し下げる際に摩擦力が最大となり，回転速度が増加し高速になるほど潤滑が十分となるため摩擦力は低下する．また，摩擦力はバルブをカムに押しつけるためのバルブスプリングの押しつけ力が強くなるほど増加するものの，押しつけ力を弱くすると高回転速度域におけるバルブのカムへの追従性が悪化する．

10.1.3 潤滑油

エンジンの摩擦低減のために**潤滑油**が用いられる．また，潤滑油は，潤滑油が接する部品を冷却する目的でも用いられる．潤滑油は，原油中の高沸点成分である鉱油から精製されるものと，化学的に合成した化合物からなるものがある．エンジン用の潤滑油として求められる性能は，以下のとおりである．

・**潤滑作用**：摺動部や回転部の摩擦の低減．摺動部や回転部の部品間に油膜を形成することで，金属接触を防止し潤滑性を確保する
・**減摩作用**：潤滑作用と同様に部品間に油膜を形成し，部品の摩耗を低減する
・**密閉作用**：シリンダとピストンリングのすきまを油膜が埋めることにより，燃焼ガスのクランクケースへの吹き抜けを防止する
・**冷却作用**：燃焼および摩擦自身による発熱による部品の温度上昇を低減する
・**清浄作用**：燃焼堆積物や劣化物などの固着や付着によるエンジン部品の汚損，潤滑個所へのごみなどの侵入を防止することで，部品を清浄に保ちエンジン内部を洗浄する
・**防錆性能**：金属表面を覆うことで水分などとの直接の接触を防止し，錆の発生や腐食を防止する

潤滑油には，潤滑性能，対摩耗性能，耐久性能の向上のために以下のような添加剤が混合される．

・**清浄分散剤**：燃焼によって発生した堆積物を潤滑油中に分散させる

- **流動点降下剤**：低温での潤滑油の流動性を確保する
- **酸化防止剤**：潤滑油の劣化を防ぎ，安定した性能を維持させる
- **極圧剤**：油膜強度を高め，焼き付きを低減する
- **摩擦調整剤**：摩擦を低減する
- **防錆剤**：エンジン内部に発生する錆を防ぐ

また，潤滑油には，潤滑性能を向上し，潤滑油の耐久性を増すために金属化合物が添加剤として混合される．金属化合物には以下のような作用がある．

- **カルシウム Ca，マグネシウム Mg，バリウム Ba**：高温ガスによって発生する堆積物の堆積および成長を防ぐ
- **モリブデン Mo，リン P，硫黄 S，亜鉛 Zn**：摩擦を低減し，摩耗を低減する．

10.2　エンジンの冷却

エンジンは燃焼によって発生させた熱エネルギーによって駆動するが，この熱エネルギーからエンジンの部品を守るために，エンジンを冷却する必要がある．一般に，エンジンの冷却によって，燃焼によって発生した熱エネルギーの約 30% 程度が失われる．

10.2.1　空冷エンジン

空冷エンジンは，冷却ファンまたは走行による動圧によって大気を強制的にエンジンに送風し冷却する．この熱伝達は強制対流熱伝達である．よって，冷却するための装置はファン以外不要であるため軽量である．通常，ファンはエンジンによって直接またはベルトなどを介して駆動され，エンジンの回転速度によって運転状態が変化する．一般的な運転状態では，エンジンが高回転速度になるほどエンジンからの放熱量が増加するため，都合のよい方法である．また，走行風も，高速運転でエンジンの出力が高い場合に動圧が高くなり，エンジンが冷却される．しかし，エンジンの回転速度や車速とは無関係に冷却が必要な高負荷運転を行う場合や，必要以上に送風してしまう場合など，不都合な運転状況が発生する場合がある．空冷エンジンは，冷却効果を増強するため通常冷却フィンが取り付けられる．強制対流熱伝達による冷却フィンの放熱量 Q は，式 (2.29) から

$$Q = hA_f(T_f - T_a) \tag{10.10}$$

となる．ここで，h は冷却フィン表面の平均熱伝達率 $[\text{W}/(\text{m}^2 \cdot \text{K})]$，$A_f$ は冷却フィン表面積 $[\text{m}^2]$，T_f は冷却フィン平均温度 $[\text{K}]$，T_a は冷却空気温度 $[\text{K}]$ である．しかし，冷却フィン温度は根元から先端に向かって放熱のため低下し，冷却フィン付近の流れは

乱流であるなど複雑なため，最適な冷却となるよう冷却フィンを設計する必要がある．

10.2.2 水冷エンジン

水冷エンジンは，シリンダやシリンダヘッドにウォータージャケットとよばれる空間を設け，ウォータージャケットを冷却液が循環してエンジンを冷却する．冷却液の温度が一定の場合，エンジン全体が適温となり運転状態が安定する．しかし，冷却液の蓄熱を放熱するためのラジエーターおよび冷却液を循環するための水ポンプが必要となり重量が増すこと，冷却液の温度が低い場合にはシリンダおよびシリンダヘッドが冷却液によって冷やされ燃焼状態が悪化すること，エンジンを暖機すると同時に冷却液自身も適温まで加熱する必要があるために時間を要することなどの欠点がある．エンジンを冷却した冷却液の熱エネルギーはラジエーターで放熱される．JIS D 1614:2017によると，ラジエーターからの放熱量 Q は次式によって求められる．

$$Q = Q_w \frac{60}{t_{w1} - t_{a1}} = \left\{ \frac{V_w \gamma_w \times 10^3}{60} c_{pw} \left(t_{w1} - t_{w2} \right) \right\} \frac{60}{t_{w1} - t_{a1}} \qquad (10.11)$$

ここで，Q は放熱量 [kW]，Q_w は水側放熱量 [kW]，V_w は水流量 [L/min]，γ_w は水の単位体積あたりの質量 [kg/m^3]，c_{pw} は水の比熱 [kJ/(kg·℃)]，t_{w1} は水入口温度 [℃]，t_{w2} は水出口温度 [℃]，t_{a1} は空気入口温度 [℃] である．

10.2.3 潤滑油による冷却

潤滑油は，通常エンジンの最下部であるオイルパンに溜められており，オイルポンプによって潤滑に必要な部分に圧送される．潤滑に使用された潤滑油は，基本的に重力によってオイルパンへと戻る．潤滑油には潤滑作用のほか，潤滑した部品の熱エネルギーを奪う冷却作用もある．潤滑油に蓄えられた熱エネルギーは，オイルパンに滞留している間に外部の大気に自然に放出される．しかし，エンジンの運転状況が過酷な場合は，潤滑油の温度が高温となるために，潤滑油自身を冷却するためにオイルクーラーを装着する場合がある．また，冷却液を用いずに潤滑油のみでエンジンを冷却する油冷エンジンという方法もある．しかし，一般に潤滑油の比熱は水よりも低いために潤滑油は水よりも熱容量が小さく，多くの潤滑油が必要となる．

演習問題

10.1 例題 10.1 の軸受を用いてエンジンを 3000 rpm で運転させ, 玉軸受が耐えうる最大燃焼圧力の 1/10 が生じた場合, 軸受の寿命となる運転時間を推定せよ.

10.2 ストローク × ボア 50.00 mm × 50.00 mm, 圧縮比 10.00, コネクティングロッド長さ 100.0 mm のエンジンを 3600 rpm で運転する. 上死点のシリンダ内圧力を 2000 kPa, ピストン質量を 100.0 g とし, クランク角度 45 deg.ATDC において以下の問いに答えよ.

(1) シリンダ内圧力を求めよ. ただし, 作動流体は空気, 可逆断熱変化とする.

(2) シリンダ内圧力による力, ピストン慣性力, ピストン側圧を求めよ.

演習問題解答

2.1 作動流体の質量 $m = 1.09\,\text{kg}$.

(1)① $p_2 = 1.84\,\text{MPa}$　② $T_2 = 735\,\text{K}$　③ $p_3 = 3.76\,\text{MPa}$　④ $T_3 = 1502\,\text{K}$

⑤ $p_4 = 205\,\text{kPa}$　⑥ $T_4 = 654\,\text{K}$　⑦ $\eta_{th} = 56.5\,\%$　⑧ $Q_2 = 261\,\text{kJ}$

⑨ $W = 339\,\text{kJ}$　⑩ $p_{mth} = 387\,\text{kPa}$

(2)① $p_2 = 3.24\,\text{MPa}$　② $T_2 = 865\,\text{K}$　③ $p_3 = 6.11\,\text{MPa}$　④ $T_3 = 1632\,\text{K}$

⑤ $p_4 = 188\,\text{kPa}$　⑥ $T_4 = 604\,\text{K}$　⑦ $\eta_{th} = 63.0\,\%$　⑧ $Q_2 = 222\,\text{kJ}$

⑨ $W = 378\,\text{kJ}$　⑩ $p_{mth} = 411\,\text{kPa}$

(3) ① $p_2 = 6.63\,\text{MPa}$　② $T_2 = 1061\,\text{K}$　③ $p_3 = 6.63\,\text{MPa}$　④ $T_3 = 1609\,\text{K}$

⑤ $p_4 = 179\,\text{kPa}$　⑥ $T_4 = 573\,\text{K}$　⑦ $\eta_{th} = 67.0\,\%$　⑧ $Q_2 = 198\,\text{kJ}$

⑨ $W = 402\,\text{kJ}$　⑩ $p_{mth} = 425\,\text{kPa}$

(4) 省略

2.2 $\eta_{tho}(\text{オットー}) > \eta_{ths}(\text{サバテ}) > \eta_{thd}(\text{ディーゼル})$

2.3 $\eta_{tho}(\text{オットー}) < \eta_{thd}(\text{ディーゼル})$

2.4 $\eta_{tho}(\text{オットー}) < \eta_{thd}(\text{ディーゼル})$

3.1 以下の表に示すとおり（性能曲線は省略）.

回転速度 N [rpm]	動力計荷重 f [N]	軸トルク T [N·m]	軸出力 P [kW]	吸入空気量 m_a [g/min]	燃料流量 m_f [g/min]	空燃比 A/F	正味平均 有効圧力 p_{me} [kPa]	図示平均 有効圧力 p_{mi} [kPa]	正味燃料 消費率 b_e [g/(kW·h)]	正味熱効率 η_e [%]	機械効率 η_m [%]
1000	400	200	20.9	1400	96.6	14.5	1005	1080	277	29.6	93
2000	450	225	47.1	2800	193	14.5	1130	1242	246	33.3	91
3000	490	245	76.9	4200	290	14.5	1231	1399	226	36.2	88
4000	460	230	96.3	5600	386	14.5	1156	1359	241	34.0	85
5000	420	210	109.9	7000	483	14.5	1055	1256	264	31.0	84
6000	330	165	103.6	8400	579	14.5	829	1049	335	24.4	79

3.2 式 (3.18) で示したように, $T \propto p_{me}V_s$ であることから, 排気量 V_s を大きくすればよい.

3.3 式 (3.19) で示したように, $P \propto p_{me}V_sN$ であることから, 回転速度 N を高くすればよい.

3.4 3.1.6 項参照.

3.5 3.3.1 項参照.

3.6 (1) 例題 3.1 で示した解答と同様の方法で計算すると, 理論空燃比 $(A/F)_{st} = 9.0$.

(2) $\phi = (A/F)_{st}/(A/F)$ より, $A/F = (A/F)_{st}/\phi = 9.0/0.9 = 10$.

(3) $A/F = m_a/m_f$ より, $m_f = m_a/(A/F) = 100/10 = 10\,\mathrm{g/s}$.

(4) 1 秒あたりの回転速度は $3000/60 = 50\,\mathrm{rps}$ である. また, 吸気行程は 2 回転に 1 回のため, 1 秒あたりの吸気回数は 25 回である. また, 3 気筒エンジンのため, 1 気筒, 1 サイクルあたりの燃料投入量 $m_{f-1cycle}$ は次式のようになる.

$$m_{f-1cycle} = \frac{10}{25 \times 3} = 0.13\,\mathrm{g}$$

第 4 章

4.1 4.1 節参照.

4.2 (例) 吸気バルブマッハ指数が適正値以下になる (吸気バルブ開口部の流速が適正値以下になる) ように, バルブの傘径, バルブリフト, 吸気バルブ数等を設計する.

4.3 吸気管長さを l とすると, 吸気管内を圧力波が 1 往復するのに要する時間 t は $t = 2l/a$ である. 吸気時間 t_s は圧力波が吸気行程の $180\,\mathrm{deg.}$ の間に進む時間であるので,

$$t_s = \frac{60}{N} \cdot \frac{180}{360} = \frac{60}{7000} \times \frac{180}{360} = 4.29\,\mathrm{ms}$$

である. 題意より t と t_s を一致させたいので, l は次式のようになる.

$$l = \frac{at}{2} = \frac{at_s}{2} = \frac{\sqrt{\kappa RT} \times t_s)}{2} = \frac{\sqrt{1.4 \times 287 \times 313} \times 4.29 \times 10^{-3}}{2} = 0.76\,\mathrm{m}$$

4.4 4.4.3 項を参照.

4.5 圧縮機による吸気の圧縮効果で吸気温度が増加し, 以下のようなデメリットが生じるため.

・吸気密度が低下して体積効率が低下する

・吸気温度の増加によりノッキング (異常燃焼) が発生しやすくなる

4.6 ・$n = 1.50$ 圧縮後の温度 $96.2\,℃$, 圧縮に必要な出力 $7.65\,\mathrm{kW}$, コンプレッサー効率 84.4%, ターボチャージャー機械効率 85.0%, 全効率 50.0%

・$n = 1.60$ 圧縮後の温度 $107\,℃$, 圧縮に必要な出力 $8.71\,\mathrm{kW}$, コンプレッサー効率 73.8%, ターボチャージャー機械効率 96.8%, 全効率 50.0%

第 5 章

5.1 5.2.2 項 (1) 参照.

5.2 5.2.2 項 (2) 参照.

5.3 5.2.2 項 (6) 参照

第 6 章

6.1 6.2.2 項参照.

6.2 6.2.2 項 (2) 参照.

6.3 オクタン価 0 のノルマルヘプタンとオクタン価 100 のイソオクタンを，体積割合 9:91 で調合する.

6.4 6.2.2 項 (3) 参照.

6.5 $\mathrm{AKI} = (\mathrm{RON} + \mathrm{MON})/2 = (98 + 80)/2 = 89$, $S = \mathrm{RON} + \mathrm{MON} = 98 - 80 = 18$, $\mathrm{OI} = \mathrm{RON} - KS = 98 - 0.2 \times 18 = 94.4$.

6.6 6.3 節参照.

6.7 式 (6.4) より，$B = -0.1457$ となり，$\mathrm{CI} = 33.8$.

第 7 章

7.1 7.1.2 項 (1) 参照.

7.2 7.1.2 項 (2) 参照.

7.3 7.1.3 項 (2) 参照.

7.4 7.2.3 項参照.

7.5 7.3.2 項参照.

7.6 7.4.1 項参照.

第 8 章

8.1 どちらのサイクルも等容排熱であり，サイクル開始温度 T_1，断熱膨張後温度 T_4 から排熱量 Q_2 は $Q_2 = c_v(T_4 - T_1)$ となる. よって，断熱膨張後の温度 T_4 が低いほうの排熱量が

少なく仕事量が大きい. p–V 線図を用いると, サバテサイクルは等容受熱がある分等圧受熱量がディーゼルサイクルより小さく, 断熱膨張後の温度 T_4 が低くなるため, サバテサイクルのほうが 1 サイクルの仕事量が大きくなる.

8.2　等圧受熱量 Q_p のほうが等容受熱量 Q_v より大きい.

第 9 章

9.1　9.1 節および 9.3 節参照.

9.2　9.3.2 項参照.

9.3　8.2.3 項および 9.1.2 項参照.

第 10 章

10.1　基本定格寿命から寿命となる回転数を求めると,

$$L = \left(\frac{C}{P}\right)^3 = \left(\frac{C}{pA}\right)^3 = \left\{\frac{62000}{(15.32 \times 10^6 \times 0.08^2 \pi)/(4 \times 10)}\right\}^3 = 521.9$$

となり, 521.9×10^6 回転となる. ここで, エンジンは回転速度 $n = 3000\,\mathrm{rpm}$ で運転しているので, 寿命時間を T とすると,

$$T = \frac{L \times 10^6}{n} = \frac{4175 \times 10^3}{3000} = 173967\,\mathrm{min} = 2899\,\mathrm{h}$$

となり, 約 2900 時間で軸受が寿命となる.

10.2

(1) 排気量 V_h は $V_h = (\pi D^2/4)S = (\pi \times 0.05^2/4) \times 0.05 = 98.17 \times 10^{-6}\,\mathrm{m}^3$, すきま容積 V_c は $V_c = V_h(\varepsilon - 1) = 98.17 \times 10^{-6}(10 - 1) = 10.91 \times 10^{-6}\,\mathrm{m}^3$ である. クランク角度 45 deg. におけるピストンの上死点からの変位 x は, 45 deg. $= \pi/4\,\mathrm{rad}$, クランク半径 $r = S/2 = 0.05/2 = 0.025\,\mathrm{m}$ から,

$$\begin{aligned}
x &= r\left\{(1 - \cos\theta) + \frac{r}{4l}(1 - \cos 2\theta)\right\} \\
&= 0.025\left[\left(1 - \cos\frac{\pi}{4}\right) + \frac{0.025}{4 \times 0.1}\left\{1 - \cos\left(\frac{\pi}{4} \times 2\right)\right\}\right] \\
&= 0.025\left(1 - \cos\frac{\pi}{4}\right) = 0.025\left(1 - \frac{\sqrt{2}}{2}\right) = 7.322 \times 10^{-3}\,\mathrm{m}
\end{aligned}$$

となる. よって, クランク角度 45 deg. におけるシリンダ容積 V_{45} は, 以下のようになる.

$$V_{45} = V_c + \frac{\pi D^2}{4}x = 10.91 \times 10^{-6} + \frac{\pi \times 0.05^2}{4} \times 7.322 \times 10^{-3} = 25.29 \times 10^{-6}\,\mathrm{m}^3$$

ここで, 変化が断熱変化であるので, $pV^\kappa = $ 一定 から

$$p_{45} = p_c \left(\frac{V_c}{V_{45}} \right)^{\kappa} = 2 \times 10^6 \left(\frac{10.91 \times 10^{-6}}{25.29 \times 10^{-6}} \right)^{1.4} = 0.6164 \times 10^6 = 0.6164\,\mathrm{MPa}$$

となる.

(2) シリンダ内圧力による力は,圧力とピストン頭頂部の面積から

$$F_g = p_g A = 0.6164 \times 10^6 \times \frac{0.05^2 \pi}{4} = 1.210 \times 10^3 = 1210\,\mathrm{N}$$

となる.

角速度 ω は,1 分間あたりの回転数が n である場合 $\omega = 2\pi n/60$ で求められるので,$\omega = 2\pi n/60 = 2\pi \times 3600/60 = 120\pi\,\mathrm{[rad/s]}$ である.よって,ピストンの慣性力は,

$$\begin{aligned}
F_i &= -m_p \omega^2 r \left(\cos\theta + \frac{r}{l} \cos 2\theta \right) \\
&= -0.1 \times (120\pi)^2 \times 0.025 \left(\cos\frac{\pi}{4} - \frac{0.025}{0.1} \cos 2\frac{\pi}{4} \right) = -251.2\,\mathrm{N}
\end{aligned}$$

となる.ここで,θ と ψ は $r\sin\theta = l\sin\phi$ であるから,

$$\sin\phi = \frac{r}{l}\sin\theta = \frac{0.025}{0.1}\sin\frac{\pi}{4} = 0.1768$$

となる.また,$\sin^2\phi + \cos^2\phi = 1$ から $\cos\phi = (1 - \sin^2\phi)^{1/2}$,$r\sin\theta = l\sin\phi$ であるので,

$$\cos\phi = \sqrt{1 - \sin^2\phi} = \sqrt{1 - \left(\frac{r}{l}\right)^2 \sin^2\theta}$$

となる.よって,

$$\tan\phi = \frac{\sin\phi}{\cos\phi} = \frac{(r/l)\sin\theta}{\sqrt{1 - (r/l)^2 \sin^2\theta}} = \frac{0.1768}{\sqrt{1 - 0.1768^2}} = 0.1796$$

である.したがって,ピストン側圧は,以下のようになる.

$$N = (F_g + F_i)\tan\phi = (1210 - 251.2) \times 0.1796 = 172.2\,\mathrm{N}$$

参考文献

[1] 吉田幸司（編集）, 岸本健, 木村元昭, 田中勝之, 飯島晃良, 基礎から学ぶ熱力学, オーム社, 2016.

[2] 水谷幸夫, 燃焼工学, 森北出版, 1977.

[3] C. F. Taylor, The Internal Combustion Engine in Theory and Practice, Vol. 1, 2nd edition, The MIT Press, 1985.

[4] 粟野誠一, 内燃機関工学（改訂版）, 山海堂, 1988.

[5] 淺沼強, 四サイクル機関の吸込効率に関する研究：第 1 報 吸気管長の影響に就て, 日本機械学會論文集, Vol. 46, No. 320, pp. 747–748, 1943.

[6] 自動車技術ハンドブック編集委員会（編）, 自動車技術ハンドブック 1　基礎・理論編, p.17, 自動車技術会, 2015.

[7] 金子タカシ, 知っておきたい自動車用ガソリン, JSAE エンジンレビュー, Vol. 8, No. 1, 2008.

[8] 河野通方, 藤本元, 角田敬一, 氏家康成, 最新内燃機関, 朝倉書店, 1995.

[9] 熊谷清一郎, 燃焼, 岩波書店, 1976.

[10] 小茂馬和生, 渡部英一, 内燃機関工学, 実教出版, 1975.

[11] 古荘拓磨, SI エンジンにおける流動場の放電が希薄燃焼に及ぼす影響, 平成 30 年度日本大学大学院修士論文, 2019.

[12] B. Lewis and G. von Elbe, Combustion, Flames and Explosions of Gases, 3rd edition, Academic Press, 1987.

[13] I. Kimura and S. Kumagai, Spark Ignition of Flowing Gases, Journal of the Physical Society of Japan, Vol. 11, p. 599, 1956.

[14] Y. Abe, M. Iimura, T. Furusho, K. Takeda, A. Iijima, T. Tamida and T. Inoue, A Study on Accomplishing Lean Combustion by Multistage Pulse Discharge Ignition Using an Optically Accessible Engine, SAE Paper 2018-32-0007, 2018.

[15] 田坂秀紀, 内燃機関（第 3 版）, 森北出版, 2015.

[16] R. I. Tabaczynski, Turbulence and Turbulent Combustion in Spark-ignition Engines, Progress in Energy and Combustion Science, Vol. 2, pp. 143–165, 1976.

[17] A. Iijima, S. Takahata, H. Kudo, K. Agui, M. Togawa, K. Shimizu, Y. Takamura,

M. Tanabe and H. Shoji, A Study of the Mechanism Causing Pressure Waves and Knock in an SI Engine under High-Speed and Supercharged Operation, International Journal of Automotive Engineering, Vol. 9, No. 1, pp. 23–30, 2018.

[18] A. Iijima, T. Izako, T. Ishikawa, T. Yamashita, S. Takahata, H. Kudo, K. Shimizu, M. Tanabe and Hideo Shoji, Analysis of Interaction between Autoignition and Strong Pressure Wave Formation during Knock in a Supercharged SI Engine Based on High Speed Photography of the End Gas, SAE International Journal of Engines, Vol. 10, No. 5, pp. 2616–2623, 2017.

[19] 西山毅, 希薄条件における燃料特性がノッキングに及ぼす影響, 平成 30 年度日本大学大学院修士論文, 2019.

[20] 三好明, ガソリンサロゲート詳細反応機構の構築, 自動車技術会論文集, Vol. 48, No. 5, pp. 1021–1026, 2017.

[21] 越光男, 三好明, 燃焼の化学反応における新展開, エンジンテクノロジー, Vol. 4, No. 3, pp. 40–48, 山海堂, 2002.

[22] J. Warnatz, U. Maas and R. W. Dibble, Combustion, 3rd edition, Springer, 2001.

[23] H. Ando, Y. Ohta, K. Kuwahara and Y. Sakai, What is X in Livengood–Wu Integral?, Review of Automotive Enginerring, Vol. 30, No. 4, pp. 363–370, 2009.

[24] A. Iijima, T. Watanabe, K. Yoshida and H. Shoji, A Study of HCCI Combustion Using a Two-Stroke Gasoline Engine with a High Compression Ratio, SAE Transactions, Vol. 115, Sec. 3, pp. 1031–1042, 2007.

[25] 足立尚史, 芹澤一史, ディーゼル燃料噴射装置の現状と将来, デンソーテクニカルレビュー, Vol. 22, pp. 119–124, 2017.

[26] 廣安博之, ディーゼル噴霧の構造とそのシミュレーション, 日本マリンエンジニアリング学会誌, Vol. 42, No. 1, pp. 63–68, 2007.

[27] 河那辺洋, ディーゼル噴霧における混合気形成と燃焼の解析, 日本機械学会誌, Vol. 114, No. 1106, p. 68, 2011.

[28] 日本液体微粒化学会（編集）, アトマイゼーション・テクノロジー（POD 版）, 森北出版, 2011.

[29] 秋濱一弘, ϕ–T マップとエンジン燃焼コンセプトの接点, 日本燃焼学会誌, Vol. 56, No. 178, pp. 291–297, 2014.

[30] 中島徹, 自動車排出ガス中の微小粒子状物質の計測技術, 日本燃焼学会誌, Vol. 44, No. 130, pp. 209–219, 2002.

[31] 福田圭佑, 固体粒子数の計測と規制動向, JARI Research Journal, 2019.

[32] 環境省, ディーゼル排気微粒子リスク検討会, 平成 13 年度報告, 2002.

https://www.env.go.jp/air/car/diesel-rep/h13/

[33] 河本桂二, 低温予混合燃焼（MK 燃焼）方式の紹介, Motor Ring, No. 21, 自動車技術会, 2002.

[34] 石山拓二, 堀部直人, ディーゼルベース PCCI 燃焼の特徴と課題, 日本マリンエンジニアリング学会誌, Vol. 47, No. 6, pp. 859–864, 2012.

[35] SIP 革新的燃焼技術, 研究成果の公開, 2019.
https://www.jst.go.jp/sip/k01_publications.html

[36] クリーンディーゼル／ダイナミクス／マツダのクルマづくり, マツダ株式会社
https://www.mazda.co.jp/beadriver/dynamics/skyactivd/

[37] 河原林成行, 排ガス計測方法, 日本舶用機関学会誌, Vol. 26, No. 9, pp. 480–484, 1991.

[38] 環境省, 大気環境・自動車対策, VOC 関係資料.
https://www.env.go.jp/air/osen/voc/materials.html

[39] 森吉泰生, 橋本淳, 小林佳弘, ガソリンエンジンにおける粒子状物質の生成, 日本燃焼学会誌, Vol. 56, No. 178, pp. 298–307, 2014.

[40] 戸野倉賢一, 燃焼場における多環芳香族炭化水素とスス粒子の生成過程, エアロゾル研究, Vol. 29, No. 1, pp. 5–9, 2014.

[41] 小川忠男, ディーゼル排出ガスに及ぼす軽油性状の影響 第 2 報）軽油特性とパティキュレート量の関係解析, 豊田中央研究所 R&D レビュー, Vol. 32, No. 2, pp. 87–98, 1997.

[42] 曽布川英夫, 木村希夫, 杉浦正治, 自動車用触媒の構造と特性—ナノスケールの視点に立って—, まてりあ, Vol. 35, No. 8, pp. 881–885, 1996.

[43] 阿部英樹, 自動車排出ガス触媒の現状と将来, 科学技術動向 2010 年 12 月号, pp. 8–16, 2010.

[44] 北英紀, 阿部晃, ディーゼル排ガス用白金触媒の低減技術, 表面科学, Vol. 29, No. 10, pp. 607–614, 2008.

[45] 宮川達郎, 中島隆弘, 久保雅大, 須賀亮介, 複合金属酸化物とアルカリ金属硫酸塩との組み合わせによるディーゼル排ガス浄化触媒, Panasonic Technical Journal, Vol. 57, No. 1, pp. 20–24, 2011.

[46] 倉西正嗣（監修）, 景山克三, 菅野宗和, 黒瀬元雄, 勝田基嗣, 機械要素設計（第 2 版）, オーム社, 1984.

索　引

著 者 略 歴

飯島 晃良（いいじま・あきら）
2002 年　日本大学理工学部機械工学科卒業
2004 年　日本大学大学院理工学研究科博士前期課程機械工学専攻修了
同　年　富士重工業（現・SUBARU）スバル技術本部
2006 年　日本大学理工学部機械工学科副手
2007 年　同助手
2008 年　博士（工学）　日本大学
2009 年　日本大学理工学部機械工学科助教
2016 年　同准教授
　　　　現在に至る．博士（工学），技術士（機械部門）

吉田 幸司（よしだ・こうじ）
1982 年　日本大学理工学部機械工学科卒業
1984 年　日本大学大学院理工学研究科博士前期課程機械工学専攻修了
1987 年　日本大学大学院理工学研究科博士後期課程機械工学専攻単位取得退学
同　年　日本大学短期大学部工業技術科機械コース助手
1993 年　日本大学理工学部機械工学科助手
1995 年　博士（工学）　日本大学
1996 年　日本大学理工学部機械工学科専任講師
2000 年　同助教授
2004 年　同教授
　　　　現在に至る．博士（工学）

編集担当　宮地亮介（森北出版）
編集責任　藤原祐介（森北出版）
組　版　藤原印刷
印　刷　同
製　本　同

基礎から学ぶ 内燃機関　　　　　ⓒ 飯島晃良・吉田幸司　2022

2022 年 11 月 25 日　第 1 版第 1 刷発行　【本書の無断転載を禁ず】

著　者　飯島晃良・吉田幸司
発行者　森北博巳
発行所　森北出版株式会社
　　　　東京都千代田区富士見 1-4-11（〒102-0071）
　　　　電話 03-3265-8341／FAX 03-3264-8709
　　　　https://www.morikita.co.jp/
　　　　日本書籍出版協会・自然科学書協会　会員
　　　　JCOPY＜（一社）出版者著作権管理機構 委託出版物＞

Printed in Japan／ISBN978-4-627-67641-1